近代物理实验教程

主编：冯文林　　杨晓占　　魏　强
编委：肖汉光　　彭川黔　　吴　英
　　　陶传义　　金　叶　　聂喻梅
　　　李邦兴

重庆大学出版社

内容提要

本书选编了在近代物理发展过程中一些著名实验,以及在现代测量技术中有着广泛应用的典型实验,包括原子物理、核物理、声学、磁共振、光电检测、激光、光谱以及材料检测等方面的实验。本书侧重于使学生掌握面向物理学前沿的物理思想和实验技能,提高其科学探索素质。

本书可作为高校理工科本科生、研究生的近代物理实验课程的教材或教学参考书,也可作为相关学科的实验和工程技术人员的参考书。

图书在版编目(CIP)数据

近代物理实验教程/冯文林,杨晓占,魏强主编.
—重庆:重庆大学出版社,2015.2
高等学校实验课系列教材
ISBN 978-7-5624-8640-4

Ⅰ.①近…　Ⅱ.①冯…②杨…③魏…　Ⅲ.①物理学
—实验—高等学校—教材　Ⅳ.①O41-33

中国版本图书馆 CIP 数据核字(2015)第 016758 号

近代物理实验教程

主编　冯文林　杨晓占　魏　强
策划编辑:杨粮菊

责任编辑:文　鹏　　版式设计:杨粮菊
责任校对:谢　芳　　责任印制:赵　晟

*

重庆大学出版社出版发行
出版人:邓晓益
社址:重庆市沙坪坝区大学城西路 21 号
邮编:401331
电话:(023) 88617190　88617185(中小学)
传真:(023) 88617186　88617166
网址:http://www.cqup.com.cn
邮箱:fxk@ cqup.com.cn(营销中心)
全国新华书店经销
重庆紫石东南印务有限公司印刷

*

开本:787×1092　1/16　印张:11.25　字数:281 千
2015 年 2 月第 1 版　2015 年 2 月第 1 次印刷
印数:1—2 000
ISBN 978-7-5624-8640-4　定价:29.00 元

前 言

当今正处在一个科学技术迅速发展的时代,高新技术层出不穷;而物理学是科学技术的基础。近代物理实验是一门物理方向各专业学生必修的实验课程,具有较强的综合性和技术性,在实验教学体系中属于第二层次,即综合提高型实验。

本书以近代物理发展过程中起过重大作用的一些著名实验为基础,结合近现代科学技术的新成果,同时借助该学科的科研项目和人才优势更新部分实验项目。主要内容包括误差分析与数据处理,原子物理实验,原子核物理技术实验,激光与光学,光谱技术实验,磁共振及磁阻效应,声学实验,光电检测技术实验,材料制备及测试技术,先进测试技术等实验。在实验项目的选择上,以学生动手能力的培养和专业素养的提高为目标,力求精选、精讲、精练;而实验内容上又力求周详,以利学生自习和预习;考虑到物理专业课程的实际情况及不同专业学生教学的需要,在实际教学中可进行选做。同一专业实验存在不同的实验方法,书中也有介绍,有的安排在实验后附加内容上,以利于根据具体实际情况进行选择。

本书是重庆理工大学、绵阳师范学院等高校近代物理实验课程近年来建设的积累和总结,更多地体现和吸收了当前科学研究的成果。

由于编者水平有限,书中难免存在种种缺点和不足,对此,编者真诚地希望能聆听到广大读者的建议和批评,在此先表示真诚的谢意。

编 者
2014 年 7 月

目录

第1章　理论部分 ·· 1

1.1　随机变量及其概率分布 ······························· 1

1.2　随机误差的统计分析 ································· 6

1.3　数据处理 ··· 10

第2章　实验部分 ·· 16

2.1　氢与氘原子光谱 ··································· 16

2.2　钠原子光谱的拍摄与分析 ························· 21

2.3　弗兰克-赫兹实验（F-H实验） ···················· 27

2.4　密立根油滴实验 ··································· 29

2.5　塞曼效应 ··· 33

2.6　光电效应和普朗克常数测定 ······················· 40

2.7　电子荷质比的测定 ································· 46

2.8　核衰变的统计规律 ································· 49

2.9　NaI(Tl)闪烁谱仪测量 γ 射线的能谱 ············· 53

2.10　β吸收 ··· 58

2.11　相对论电子的动量与动能关系的测量 ············· 62

2.12　LED电压源驱动实验 ····························· 65

2.13　LED电流源驱动实验 ····························· 68

2.14　光拍频法测量光速 ······························· 71

2.15　半导体激光器 $P—I$ 特性曲线测量 ·············· 76

2.16　图像语音传输 ····································· 80

2.17　光纤无源器件参数测量 ··························· 82

2.18　光纤传输时域分析 ······························· 86

2.19　电光调制 ··· 88

2.20　LED光色电参数测定 ····························· 91

2.21　阿贝成像原理和空间滤波 ························· 95

2.22　白光再现全息图的拍摄 ··························· 98

2.23　单光子计数实验 ·································· 100

2.24　多功能光栅光谱仪测量钠元素的光谱 ············ 105

2.25　发射光谱-荧光光谱测量与分析 ················· 106

2.26 紫外可见吸收光谱的测量与分析 …………………………… 108

2.27 激光拉曼光谱的测量与分析 ………………………………… 110

2.28 核磁共振 …………………………………………………… 113

2.29 电子自旋共振 ……………………………………………… 117

2.30 磁阻效应实验 ……………………………………………… 122

2.31 超声波在界面上的反射和折射 …………………………… 125

2.32 声光衍射与液体中声速的测定 …………………………… 130

2.33 光敏电阻特性实验 ………………………………………… 134

2.34 光敏二极管特性实验 ……………………………………… 137

2.35 光敏三极管特性测试 ……………………………………… 140

2.36 硅光电池特性测试 ………………………………………… 144

2.37 真空获得与测量 …………………………………………… 147

2.38 真空蒸发镀膜与膜厚测量 ………………………………… 151

2.39 磁控溅射法制备薄膜材料 ………………………………… 156

2.40 用溶胶—凝胶法制备纳米颗粒 …………………………… 160

2.41 四探针法的薄膜材料电阻测量 …………………………… 162

2.42 高临界温度超导体临界温度的电阻测量法 …………… 167

参考文献 …………………………………………………………… 172

第 **1** 章

理论部分

1.1　随机变量及其概率分布

【背景简介】

物理实验中,除了存在着不能完全控制的因素而导致随机误差必然存在外,被测量对象本身也具有随机性。例如宏观热力学量(温度、密度、压强等)的数值都是统计平均值,原子核等微观领域的统计涨落现象也非常突出。这就使得实验观测值不可避免地带有随机性,必须用概率论和数理统计的方法来处理实验数据,为此,需要研究随机变量的概率及其概率分布。

1.1.1　随机变量和概率分布函数

(1)随机变量

当我们观测某物理量时,某一观测值的出现是随机事件,而观测值是随机变量。

现在用更为普遍的数学语言来描述:在一定条件下,现象 A 可能发生,也可能不发生,而且只有这两种可能性。将发生现象 A 的事件称为随机事件 A。如果在一定条件下进行了 N 次试验,其中,事件 A 发生了 N_A 次,则比值 N_A/N 称为事件 A 发生的概率。当 $N \to \infty$ 时,频率的极限称为事件 A 的概率,记为 $P_r(A)$,即

$$P_r(A) = \lim_{N \to \infty} \frac{N_A}{N} \tag{1.1.1}$$

不同的随机事件由不同的数来表示,这个数便是随机变量。随机变量有两种类型:只能取有限个或可数个数值的随机变量称为离散型随机变量;可能值布满整个区间的随机变量称为连续型随机变量。

随机变量全部可能取值的集合称为总体(或母体)。总体的任何一个部分称为样本(或子样)。在实际试验中,对某量做有限次观测,测量结果总是获得某随机变量的样本。

对随机变量的描述,不仅要了解它的可能取值,而且还必须了解可能值的概率。

(2)分布函数、概率函数和概率密度函数

设有随机变量 X,它的取值 x 可以排列在实轴上,其概率分布用分布函数 $P(x)$ 表示。

1

$P(x)$在x处的取值,等于X取值小于等于x这样一个随机事件的概率

$$P(x) = P_r(X \leqslant x) \tag{1.1.2}$$

按定义,它必须满足

$$P(-\infty) = 0; P(\infty) = 1 \tag{1.1.3}$$

离散型随机变量X只能取可能的数值$x = x_1, x_2, x_3, \cdots$,记为$x_i$。除了分布函数以外,还用概率函数来描述它的概率分布。当x取值为x_i时,其概率分布为$P(x_i)$,简写为P_i,即$X = x_i$的概率

$$P_i = P_r(X = x_i) \tag{1.1.4}$$

概率函数和分布函数的形状如图1.1.1所示。因概率总和等于1(归一化条件),则

$$\sum P_i = P(\infty) = 1 \tag{1.1.5}$$

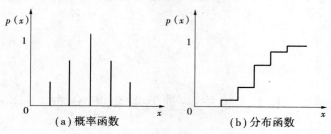

(a) 概率函数   (b) 分布函数

图 1.1.1　离散型随机变量 X 的概率函数和分布函数

对于连续型随机变量X,可引入概率密度函数$p(x) = \mathrm{d}P(x)/\mathrm{d}x$来描述概率分布,则

$$P(x) = \int_{-\infty}^{x} p(x)\,\mathrm{d}x \tag{1.1.6}$$

归一化条件有

$$\int_{-\infty}^{+\infty} p(x)\,\mathrm{d}x = P(\infty) = 1 \tag{1.1.7}$$

用图形表示,概率密度函数是一条连续曲线,分布函数是一条单调上升到1的曲线,如图1.1.2所示。概率密度函数曲线图在横轴上任一点x'左边曲线下的面积,就是分布曲线在该点的值;概率密度函数曲线下的总面积为1,由概率密度函数或分布函数可求得随机变量X在区间$[a,b]$内取值的概率

$$P_r(a \leqslant x \leqslant b) = P(b) - P(a) = \int_{a}^{b} p(x)\,\mathrm{d}x \tag{1.1.8}$$

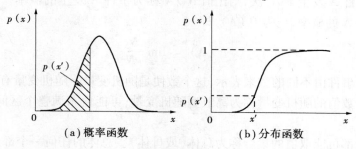

(a) 概率函数   (b) 分布函数

图 1.1.2　连续型随机变量 X 的概率函数和分布函数

对于多个随机变量的情况,特别是当X和Y是两个互相独立的随机变量时,由概率论可得,它们的联合概率密度函数等于各自的概率密度函数的乘积,即

$$P(x,y) = P(x) \cdot P(y) \tag{1.1.9}$$

1.1.2 概率分布的数字特征量

若一个随机变量的概率函数或概率密度函数的形式已知,只要给出函数式中各个参数(称为分布参数)的数值,则随机变量的分布就完全确定。在不同形式的分布中,常用一些有共同定义的数字特征量来表示,则最重要的特征量是随机变量的期望值和方差。

(1)随机变量的期望值

以概率 P_i 取值 x_i 的离散随机变量 X,它的期望值(通常以 μ 或 $E(X)$ 标记)定义为

$$\mu = E(X) = \sum p_i x_i \tag{1.1.10}$$

式中求和延伸于可取的一切 x_i 值。

具有概率密度函数 $f(x)$ 的连续随机变量 X,它的期望值定义为

$$\mu = E(X) = \int x p(x) \mathrm{d}x \tag{1.1.11}$$

式中积分延伸于 X 的变化区间(积分区间为从 $-\infty \sim +\infty$)。

期望值的物理意义,是做无穷多次重复测量时测量结果的平均值。根据前两式和归一化条件可得

$$\sum (x_i - \mu) p_i = 0; \int_{-\infty}^{+\infty} (x_i - \mu) p(x) \mathrm{d}x = 0 \tag{1.1.12}$$

此式表明,随机变量分布在它的期望值周围。

注意:为方便起见,下面对随机变量及其具体数值的书写往往不加以区分。例如,x 既可以代表一个随机变量,也可以代表随机变量的一个值;期望值 $E(X)$ 也可以写为 $E(x)$。另外,期望值也常用尖括号表示,即 $E(x) = <x> = \mu$。

现在,把随机变量的期望值概念加以推广。若随机变量 x 的概率密度函数为 $p(x)$,则随机变量函数 $f(x)$ 的期望值定义为

$$E[f(x)] = <f(x)> = \int_{-\infty}^{+\infty} f(x) \cdot p(x) \mathrm{d}x \tag{1.1.13}$$

(2)随机变量的方差

随机变量 x 的方差通常以 $V(x)$ 或 $\sigma^2(x)$ 标记,$\sigma^2(x)$ 可简写为 σ_x^2,定义为

$$V(x) = \sigma^2(x) = E[(x - <x>)^2] \tag{1.1.14}$$

对于具有概率密度 $p(x)$ 的随机变量,上式可写为

$$V(x) = \int_{-\infty}^{+\infty} (x - <x>)^2 p(x) \mathrm{d}x \tag{1.1.15}$$

方差的正平方根 $\sigma(x)$ 称为随机变量 x 的标准误差,简称标准差。方差或标准差用以描述随机变量围绕期望值分布的离散程度。

根据方差的定义,由式(1.1.15)不难证明

$$\sigma^2(x) = <x^2> - <x>^2 \tag{1.1.16}$$

1.1.3 几种常用的概率分布

由于随机变量受到不同因素的影响,或物理现象本身的统计性差异,使得随机变量的概率分布形式多种多样。这里讨论几种常用的分布,要注意掌握其概率函数(或概率密度函数)和数字特征量。

(1)二项式分布

若随机事件 A 发生的概率为 P,不发生的概率为 $(1-P)$,现在讨论在 N 次独立试验中事件 A 发生 k 次的概率。显然,k 是一个离散型随机变量,可能取值为 $0,1,\cdots,N$。对于这样一个随机事件,可导出其概率分布为

$$p(k) = \frac{N!}{k!(N-k)!}P^k(1-P)^{N-k} \tag{1.1.17}$$

式中,因子 $N!/[k!(N-k)!]$ 代表 N 次试验中事件 A 发生 k 次,而不发生为 $(N-k)$ 次的各种可能组合数。若令 $q = 1-P$,则这个概率表示式刚好是二项式展开

$$(P+q)^N = \sum_{k=0}^{N} \frac{N!}{k!(N-k)!}P^k q^{N-k}$$

中的项,因此式(1.1.17)所表示的概率分布称为二项式分布。

二项式分布中有两个独立的参数 N 和 P,故往往又把式(1.1.17)中左边概率函数的记号写作 $p(k;N,P)$。遵从二项式分布的随机变量 k 的期望值和方差分别为

$$<k> = \sum_{k=0}^{N} k \frac{N!}{k!(N-k)!}P^k(1-P)^{N-k} = NP \tag{1.1.18}$$

$$\sigma^2(k) = <k^2> - <k>^2 = <k^2> - N^2P^2$$

$$= \sum k^2 \frac{N!}{k!(N-k)!}P^k(1-P)^{N-k} - N^2P^2 \tag{1.1.19}$$

$$= NP(1-P)$$

二项式分布有许多实际应用。例如,穿过仪器的 N 个粒子被仪器探测到 k 个的概率,或 N 个放射性核经过一段时间后衰变 k 个的概率等,这些问题的随机变量 k 都服从二项式分布。又例如,在产品质量检测或民意测验中,抽样试验以确定符合其条件的结果的概率也是二项式分布问题。

(2)泊松分布

对于二项式分布,若 $N\to\infty$,且每次试验 A 发生的概率 $p\to0$,但期望值 $<k> = NP$ 趋于有限值 m,在这种极限情况下其分布如何?

由二项式分布的概率函数式 $p(k) = \frac{1}{k!} \cdot \frac{N!}{(N-k)!}P^k(1-P)^{N-k}$,考虑到 $N\to\infty$ 的情况,即,

$$\lim_{N\to\infty} \frac{N!}{(N-k)!} = \lim_{N\to\infty}[N(N-1)(N-2)\cdots(N-k+2)(N-k+1)] = N^k$$

$$\lim_{N\to\infty}N^k P^k = \lim_{N\to\infty}(NP)^k = m^k, \lim_{N\to\infty}(1-P)^{N-k} = \lim_{N\to\infty}(1-NP) = e^{-m}$$

便可得到

$$p(k) = \frac{m^k}{k!}e^{-m} \tag{1.1.20}$$

此式表示的概率分布称泊松分布,可见泊松分布是二项式分布的极限情况。

注意到 $P\to0$ 时 $NP\to m$,利用式(1.1.18)和式(1.1.19),便可得到遵从泊松分布的随机变量 k 的期望值和方差:

$$<k> = NP = m \tag{1.1.21}$$

$$\sigma^2(k) = NP(1-P) = m \tag{1.1.22}$$

因此,泊松分布只有一个参数 m,它等于随机变量的期望值或方差。

例如,一块放射性物质在一定时间间隔内的衰变数,一定时间间隔内计数器记录到的粒子数,高能荷电粒子在固定长度的路径上碰撞次数等,都遵从泊松分布。

(3) 均匀分布

若连续随机变量 x 在区间 $[a,b]$ 上取值恒定不变,则这种分布为均匀分布。均匀分布的概率密度函数

$$p(x) = \begin{cases} \dfrac{1}{b-a}, & a < x < b \\ 0, & 其他 \end{cases} \tag{1.1.23}$$

其几何表示如图 1.1.3 所示。

均匀分布的期望值和方差为

$$<x> = \frac{a+b}{2} \tag{1.1.24}$$

$$\sigma^2(x) = \frac{(b-a)^2}{12} \tag{1.1.25}$$

实验工作中常用 $[0,1]$ 区间的均匀分布。若用 r 表示该区间的随机变量,其概率密度函数为

$$p(r) = \begin{cases} 1, & 0 < r < 1 \\ 0, & 其他 \end{cases}$$

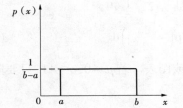 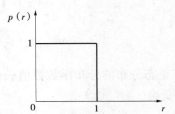

图 1.1.3　区间 $[a,b]$ 上的均匀分布　　　　图 1.1.4　区间 $[0,1]$ 上的均匀分布

这个分布如图 1.1.4 所示。随机变量 r 在该区间的期望值和方差不难求得。

均匀分布是一种最简单的连续型随机变量分布,如数字仪表末位 ± 1 的量化误差,机械传动齿轮的回差,数值计算中凑整的舍入误差等,都遵从均匀分布。

(4) 正态分布

实用中最重要的概率分布是正态分布(又称高斯分布)。正态分布的概率密度函数为

$$p(x) = \frac{1}{\sigma\sqrt{2\pi}}\exp\left[-\frac{1}{2}\left(\frac{x-\mu}{\sigma}\right)^2\right] \tag{1.1.26}$$

式中,x 是连续型随机变量,μ 和 σ 是分布参数,且 $\sigma > 0$。为了标志其特征,通常又用 $n(x;\mu,\sigma^2)$ 表示正态分布的概率密度函数,用 $N(x;\mu,\sigma^2)$ 表示正态分布的分布函数,即

$$n(x;\mu,\sigma^2) = \frac{1}{\sigma\sqrt{2\pi}}\exp\left[-\frac{1}{2}\left(\frac{x-\mu}{\sigma}\right)^2\right], N(x;\mu,\sigma^2) = \frac{1}{\sigma\sqrt{2\pi}}\int_{-\infty}^{x}\exp\left[-\frac{1}{2}\left(\frac{x-\mu}{\sigma}\right)^2\right]dx$$

不难求得,遵从正态分布的随机变量 x 的期望值和方差分别为

$$<x> = \int_{-\infty}^{+\infty} x \cdot n(x;\mu,\sigma)dx = \mu \tag{1.1.27}$$

$$\sigma^2(x) = \int_{-\infty}^{+\infty} (x-\mu)^2 \cdot n(x;\mu,\sigma)\,\mathrm{d}x = \sigma^2 \qquad (1.1.28)$$

由此可见,正态分布中的参数 μ 是期望值,参数 σ 是标准误差。正态分布的特征由这两个参数的数值完全确定:若消除了测量的系统误差,则 μ 就是待测量物理量的真值,它决定分布的位置;而 σ 的大小与概率密度函数曲线的"胖""瘦"有关,即决定分布偏离期望值的离散程度。不同参数值的正态分布概率密度函数曲线如图 1.1.5 所示。曲线是单峰对称的,对称轴处于期望值和概率密度极大值所在处。

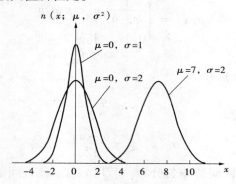

图 1.1.5　不同参数值的正态分布曲线

期望值 $\mu=0$ 和方差 $\sigma^2=1$ 的正态分布叫作标准正态分布,其概率密度函数和分布函数为

$$n(x;0,1) = \frac{1}{\sigma\sqrt{2\pi}}\exp\left[-\frac{1}{2}x^2\right] \qquad (1.1.29)$$

$$N(x;0,1) = \frac{1}{\sigma\sqrt{2\pi}}\int_{-\infty}^{x}\exp\left(-\frac{1}{2}x^2\right)\mathrm{d}x \qquad (1.1.30)$$

标准正态分布的分布函数数值表可参阅相关书籍或图表。若 $\mu\neq0,\sigma^2\neq1$,只要随机变量 x 作线性变换

$$u = \frac{x-\mu}{\sigma} \qquad (1.1.31)$$

则随机变量 u 遵从标准正态分布,且有

$$n(x;\mu,\sigma^2) = \frac{1}{\sigma}n(u;0,1) \qquad (1.1.32)$$

$$N(x;\mu,\sigma^2) = N(u;0,1) \qquad (1.1.33)$$

这样便可利用标准正态分布求概率分布。

1.2　随机误差的统计分析

【背景简介】

前面讨论了随机变量的总体分布,现在讨论随机误差的估计问题。在实际测量中,只能得到有限次测量值,即随机样本。我们研究随机误差是以随机样本为依据的,也就是说,是从随机样本来估计总体分数的参数。在此假定系统误差不存在或已经修正,实验者是用相同的方法和仪器在相同的条件下做重复而相互独立的测量,得到一组等精度测量值。这就是说,我们

是讨论等精度测量中随机误差的数字特征问题。

1.2.1　正态分布参数的最大似然估计

首先介绍参数估计的最大似然法。设某物理量 X 的 N 个等精度测量值为 $x_1, x_2, \cdots, x_N$，它是总体 X 中容量为 N 的样本，将它看作 N 维的随机变量。为了由样本估计总体参数，把 N 维随机变量的联合概率密度定义为样本的似然函数。由式(1.1.9)得知，相互独立的随机变量的联合概率密度等于各个随机变量概率密度的乘积。设 x 的概率密度函数为 $p(x, \theta)$，θ 为该分布的特征参数(参数个数由分布而定)，则联合概率密度函数 $p(x_1, x_2, \cdots, x_N; \theta) = p(x_1, \theta) \cdot p(x_2, \theta) \cdots p(x_N, \theta) = \prod\limits_{i=1}^{N} p(x_i, \theta)$。即这个样本的似然函数定义为

$$L(x_1, x_2, \cdots, x_N; \theta) = \prod_{i=1}^{N} p(x_i, \theta) \tag{1.2.1}$$

似然函数 L 可提供哪些信息呢？若参数 θ 未知，只知样本数据 $(x_1, x_2, \cdots, x_N)$，则采用 θ 不同估计值会使得 L 有不同的数值，L 的大小说明哪些 θ 值有较大的可能性。最大似然法就是选择使实测数值有最大概率密度的参数值作为 θ 的估计值，若要估计 $\hat{\theta}$ 使似然函数最大，即 $L(x_1, x_2, \cdots, x_N; \theta) \big|_{\theta = \hat{\theta}} = L_{\max}$，则 $\hat{\theta}$ 称为参数 θ 的最大似然估计。而要使似然函数最大，可通过 L 对 θ 求极值的方法而得到。为计算方便起见，可取 L 的对数再求倒数，即

$$\frac{\partial L(x_1, x_2, \cdots, x_N; \theta)}{\partial \theta} \bigg|_{\theta = \hat{\theta}} = 0 \tag{1.2.2}$$

由于似然函数 L 与它的对数 $\ln L$ 是同时达到最大值的，故求解式(1.2.2)便可得到 θ 的最大似然估计值。

现在用最大似然法来估计正态分布的特征参数。由正态分布的概率密度函数式(1.1.26)，得到正态样本的似然函数

$$L(x_1, x_2, \cdots, x_N; \mu, \sigma^2) = \prod_{i=1}^{N} \frac{1}{\sigma \sqrt{2\pi}} \exp\left[-\frac{1}{2\sigma^2} (x_i - \mu)^2 \right]$$

$$= \left(\frac{1}{2\pi\sigma^2} \right)^{N/2} \exp\left[-\frac{1}{2\sigma^2} \sum_{i=1}^{N} (x_i - \mu)^2 \right]$$

取似然函数 L 的对数

$$\ln L = -\frac{N}{2} \ln 2\pi - \frac{N}{2} \ln \sigma^2 - \frac{1}{2\sigma^2} \sum_{i=1}^{N} (x_i - \mu)^2$$

按照式(1.2.2)求 $\ln L$ 对 μ 和 σ^2 的偏导数

$$\frac{\partial \ln L}{\partial \mu} \bigg|_{\mu = \hat{\mu}} = \frac{1}{\sigma^2} \sum_{i=1}^{N} (x_i - \hat{\mu})^2 = 0, \quad \frac{\partial \ln L}{\partial \sigma^2} \bigg|_{\sigma^2 = \hat{\sigma}^2} = -\frac{N}{2} \cdot \frac{1}{\hat{\sigma}^2} + \frac{1}{2\hat{\sigma}^4} \sum_{i=1}^{N} (x_i - \hat{\mu})^2 = 0$$

将这两个方程联立求解，可得期望值和方差估计：

$$\hat{\mu} = \frac{1}{N} \sum_{i=1}^{N} x_i = \bar{x} \tag{1.2.3}$$

$$\hat{\sigma}^2 = \frac{1}{N} \sum_{i=1}^{N} (x_i - \bar{x})^2 \tag{1.2.4}$$

从而标准误差的估计为

$$\hat{\sigma} = \sqrt{\frac{1}{N} \sum_{i=1}^{N} (x_i - \bar{x})^2} \tag{1.2.5}$$

令 $v_i = x_i - \bar{x}$，则 v_i 称为偏差（或残差）。

上述最大似然估计的结果表明：测量值 x 的期望值 μ 由测量样本的算术平均值估计；方差 σ^2 由测量样本的均方偏差估计；标准误差 σ 由均方根偏差估计。但对于容量有限的样本来说，上述估计量只是被估计参数的近似值而已。由数理统计得知，若参数 θ 的估计量 $\hat{\theta}$ 的期待值满足

$$<\hat{\theta}> = \theta \tag{1.2.6}$$

则 $\hat{\theta}$ 为 θ 的无偏估计量。

1.2.2　样本平均值的期望值和方差

若 $(x_1, x_2, \cdots, x_N)$ 是实验测定量 x 的随机样本，由期望值的一些运算规则便可求得 $\bar{x}$ 的期望值和方差：

$$<\bar{x}> = <\frac{1}{N} \sum_{i=1}^{N} x_i> = \frac{1}{N} \sum_{i=1}^{N} <x_i> = <x> \tag{1.2.7}$$

$$\sigma^2(\bar{x}) = \sigma^2\left(\frac{1}{N} \sum_{i=1}^{N} x_i\right) = \frac{1}{N^2} \sigma^2\left(\sum_{i=1}^{N} x_i\right) = \frac{1}{N^2} \sum_{i=1}^{N} \sigma^2(x_i) = \frac{1}{N^2} \sigma^2(x) \tag{1.2.8}$$

从而求得样本平均值的标准误差为

$$\sigma(\bar{x}) = \frac{1}{\sqrt{N}} \sigma(x) \tag{1.2.9}$$

上面三式表明：样本平均值 $\bar{x}$ 的期望值就是随机变量 x 的期望值，即 $\bar{x}$ 作为真值 μ 的估计值满足无偏差估计的条件；样本平均值 $\bar{x}$ 的方差比单次测量值 x 的方差小 N 倍；样本平均值 $\bar{x}$ 的标准误差比单次测量值 x 的标准误差小 $\sqrt{N}$ 倍，也就是说，若观测值 x 在真值 μ 左右摆动，则 N 个观测值的平均值 $\bar{x}$ 也在真值 μ 左右摆动，它们的期望值都是 μ，但 $\bar{x}$ 比一次测量值 x 更靠近真值。这就是通常采用样本平均值估计被测量真值的理由。

1.2.3　样本的标准偏差

前面曾经求得，可用样本中各个测得值 x_i 对样本平均值 $\bar{x}$ 的均方偏差作为方差 $\sigma(x)$ 的估计值，如式 (1.2.4) 所示。现在来检测样本均方偏差是否满足无偏差估计条件，为此求均方偏差的期望值：

$$\begin{aligned}
<\frac{1}{N} \sum_{i=1}^{N} (x_i - \bar{x})^2> &= \frac{1}{N} <\sum_{i=1}^{N} (x_i - \bar{x})^2> \\
&= \frac{1}{N} <\sum_{i=1}^{N} [(x_i - <x>) - (\bar{x} - <x>)]^2> \\
&= \frac{1}{N} \sum_{i=1}^{N} <(x_i - <x>)^2> - <(\bar{x} - <x>)^2> \\
&= \sigma^2(x) - \frac{1}{N} \sigma^2(x) = \frac{N-1}{N} \sigma^2(x)
\end{aligned} \tag{1.2.10}$$

上式表明,样本均方偏差的期望值不是 $\sigma^2(x)$,而是 $\frac{N-1}{N}\sigma^2(x)$。可见样本均方偏差不是 $\sigma^2(x)$ 的无偏差估计量。若定义一个统计量为

$$S^2(x) = \frac{N}{N-1}\sum_{i=1}^{N}(x_i - \bar{x}) \tag{1.2.11}$$

称为样本方差。$S^2(x)$ 可简写为 S_x^2 或 S^2,则它的期望值

$$<S_x^2> = <\frac{1}{N-1}\sum_{i=1}^{N}(x_i - \bar{x})^2> = \frac{1}{N-1}<\sum_{i=1}^{N}(x_i - \bar{x})^2>$$

$$= \frac{1}{N-1}<\frac{1}{N}\sum_{i=1}^{N}(x_i - \bar{x})^2> = \frac{1}{N-1}\cdot\frac{N-1}{N}\sigma^2 = \sigma^2(x) \tag{1.2.12}$$

可见样本方差 S_x^2 的期望值等于方差 $\sigma^2(x)$,故一般采用 S_x^2 作为 $\sigma^2(x)$ 的估计值。

把 S_x^2 的平方根取正值,称之为样本的标准偏差,简称样本的标准差,即

$$S_x^2 = \sqrt{\frac{1}{N-1}\sum_{i=1}^{N}(x_i - \bar{x})^2} \tag{1.2.13}$$

这个公式称为贝塞尔公式。通常把样本的标准偏差 S_x 作为标准误差 $\sigma(x)$ 的估计。

关于标准偏差的误差问题。若测量值 x 服从正态分布,由统计理论可求得样本标准偏差 S_x 的标准误差为

$$\sigma(S_x) \approx \frac{1}{\sqrt{2N}}\sigma(x) \tag{1.2.14}$$

根据此式,若用样本标准偏差 S_x 估计标准误差 $\sigma(x)$,当测量次数 $N=10$ 时,则估计的相对误差为 $\frac{\sigma(S_x)}{\sigma(x)} \approx \frac{1}{\sqrt{2N}} = 0.22$。

假设由样本算出的标准偏差 $S_x = 0.20$,则标准偏差的误差

$$\sigma(S_x) \approx 0.22 \times 0.20 \approx 0.04$$

可见样本标准偏差 S_x 的值只保留 $1\sim2$ 位有效数字便可,更多是没有意义的。

至于 N 次测量平均值 $\bar{x}$ 的标准误差 $\sigma(\bar{x})$ 的估计问题,按照前面讨论可采用平均值的标准偏差 $S(\bar{x})$ 作为 $\sigma(\bar{x})$ 的估计值,$S(\bar{x})$ 常简写为 $S_{\bar{x}}$,其表示式为

$$S_{\bar{x}} \approx \frac{S_x}{\sqrt{N}} = \sqrt{\frac{1}{N(N-1)}\sum_{i=1}^{N}(x_i - \bar{x})^2} \tag{1.2.15}$$

由式(1.2.14)可知,$S_{\bar{x}}$ 的标准误差为

$$\sigma(S_x) \approx \frac{\sigma(\bar{x})}{\sqrt{2N}} \tag{1.2.16}$$

1.2.4 t 分布及其应用

在观测值 x 服从正态分布的情况下,平均值 $\bar{x}$ 会严格服从正态分布 $n(\bar{x};\mu,\sigma_{\bar{x}}^2)$,其中 $\sigma_{\bar{x}} = \sigma/\sqrt{N}$。若进行类似于式(1.1.31)的变换,令 $t = (\bar{x}-\mu)/\sigma_{\bar{x}}$,则随机变量 t 遵从正态分布 $n(t;0,1)$。

然而,在一般情况下期望值 μ 和误差 σ 都未知,只能由测量列 x_i 求出样本平均值的 $S_{\bar{x}}$。

由于 $S_{\bar{x}}$ 是随机变量,不同于 σ 是正态参数,当用 $S_{\bar{x}}$ 取代 $\sigma_{\bar{x}}$ 作变换 $t=(\bar{x}-\mu)/S_{\bar{x}}$ 时,随机变量 t 不遵从正态分布而遵从 t 分布。t 分布的概率密度函数为

$$p(t;\nu) = \frac{\Gamma\left(\frac{\nu+1}{2}\right)}{\sqrt{\pi\nu}\cdot\Gamma\left(\frac{\nu}{2}\right)\cdot\left[1+\frac{t^2}{\nu}\right]^{\frac{\nu+1}{2}}} \quad (-\infty < t < \infty) \qquad (1.2.17)$$

式中参数 $\nu=N-1$ 是正整数,称自由度,$\Gamma(\nu)$ 是伽玛函数。T 分布的期望值和方差为

$$<t> = 0 \quad \sigma^2(t) = \frac{\nu}{\nu-2} \quad (\nu > 2) \qquad (1.2.18)$$

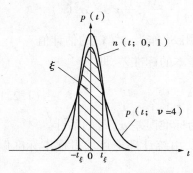

图 1.2.1 t 分布与标准正态分布比较图

t 分布曲线与标准正态分布曲线的比较如图1.2.1所示。t 分布的峰值低于标准正态分布的峰值,即 t 分布比正态分布较为分散。自由度 ν 越小则分散越明显,当 ν 很大以致 $\nu\rightarrow\infty$ 时,则 t 分布趋于标准正态分布,即

$$p(t;\nu) \rightarrow n(t;0,1)$$

由于标准正态分布 $\sigma=1$,在一个 σ 范围内,概率含量为68.3%。而 t 分布 $\sigma\neq1$,并且在一个 σ 范围内概率含量也不等于68.3%。在应用 t 分布时,若以概率含量 ξ 表达实验结果,则必须按照 t 分布来确定相应范围的 t_{ξ} 值,$t_{0.683}$ 必然比 1 大一些。图中斜线部分的面积等于区间 $[-t_{\xi},t_{\xi}]$ 内的概率含量,即 $\xi = \int_{-t_{\xi}}^{\xi}p(t;\nu)\mathrm{d}t$。

ξ 不仅与 t_{ξ} 有关,而且与自由度 ν 有关。常用置信概率 ξ 的 t_{ξ} 值可查阅相关书籍和图表。

t 分布在数理统计中属小样本分布。当测量次数不多($N<10$)而要用 $S_{\bar{x}}$ 取代 $\sigma_{\bar{x}}$ 时,应该应用 t 分布来计算不确定度。

按 t 分布报道测量结果时应注明样本容量和采用较高的置信水平(一般不小于90%的置信概率),故把测量结果表示为

$$\mu = \bar{x} \pm t_{\xi}S_{\bar{x}} \quad (置信水平 \xi 值) \qquad (1.2.19)$$

式中 $t_{\xi}S_{\bar{x}}$ 为总不确定度,后面将进一步讨论,括号中的内容除了置信水平为95%以外,取其他值时均应注明。

1.3　数据处理

【背景简介】

物理实验中测量得到的许多数据需要处理后才能表示测量的最终结果。用简明而严格的方法把实验数据所代表的事物内在规律性体现出来,即为数据处理。实验数据的处理包含十分丰富的内容,例如:数据记录、描绘,从带有误差的数据中提取参数,验证和寻找经验规律,外推实验数值等。数据处理是实验的重要组成部分,包括列表、作图和运算等。

1.3.1 列表法

在记录和处理数据时,常常将所得数据列成表。数据列制成表后,可以简单、明确、形式紧凑地表示出有关物理量之间的对应关系。这样便于随时检查结果是否合理,及时发现问题,减少和避免错误;有助于找出有关物理量之间规律性的联系,进而求出经验公式等。

①要写出所列表格的名称,列表力求简单明了,便于看出有关量之间的关系,便于后面的数据处理。

②列表要标明各符号所代表的物理量的意义(特别是自定的符号),并注明单位。单位及测量值的数量级写在该符号的标题栏中,不重复记在各个数值上。

③列表时,可根据具体情况决定列出哪些项目。个别与其他项目联系不密切的数据可不列入表内。列入表内的除原始数据外,计算过程中的一些中间结果和最后结果也可以列入表内。

④表中所列数据要正确反映测量结果的有效数字。

1.3.2 平均值法

取算术平均值是为了减小偶然误差而常用的一种数据处理方法。通常在同样的测量条件下,对于某一物理量进行多次测量的结果不会完全一样,用多次测量的算术平均值作为测量的结果,是对真实值的最好近似。

1.3.3 作图法

(1)作图法的作用和优点

作图法能把一系列实验数据之间的关系变化情况直观表示出来。同时,作图连线对各数据点可起到平均的作用,从而减小随机误差,还可从图上简便地求出实验需要的某些结果,如直线斜率和截距等,从图中还可以读出没有进行测量的对应点(称内插法)。此外,在一定条件下还可以从图线延伸部分读到测量范围以外的对应点(称外推法)。

实验图既要表达物理量间的关系,又要反映精确程度,要实现正确、实用、美观的画图,需按照一定的原则作图。

(2)作图的步骤与规则

①选择大小合适的坐标纸。

②以横轴代表自变量,纵轴代表因变量选取合适的坐标轴及方向。

③定标尺和标度。标尺的选择原则是:图上观测点读数的有效数字位数与实验数据的有效数字位数相同;纵坐标与横坐标应尽量占据图面的大半部分,不能偏于一端或一角;标尺的选择应使图像显示出其特点;如数据特别大或特别小,可以提出相乘因子。

④描点。

⑤连线。

⑥写图名和标注。

另外,从图线上求出未知物理量或找出物理量之间的解析表达式的方法称为图解法。

1.3.4 逐差法

凡自变量做等量变化,因变量也做等量变化,便可采用逐差法求出因变量的平均变化值。逐差法计算简便,特别是在检查数据时可随测随检,及时发现错误和数据规律;更重要的是可充分利用已测到的所有数据,并具有对数据取平均的效果;还可以绕过一些具有定值的未知量,求出所需要的实验结果;可减小系统误差和扩大测量范围。

在探讨逐差法的优点时还应指出通常人们采用的相邻差法的缺点。例如,我们测得一组坐标数据 $x_1, x_2, x_3, \cdots, x_k$ 共 k 个(偶数个)。按相邻差法各个相邻坐标距离的平均值为

$$\bar{x} = \frac{1}{k} \sum_{i=1}^{k-1} (x_{i+1} - x_i) = \frac{1}{k} [(x_2 - x_1) + (x_3 - x_2) \cdots + (x_k - x_{k-1})]$$

$$= \frac{1}{k} (x_k - x_1) \tag{1.3.1}$$

从上述结果可以看到,仅第一个数据和第 k 个数据才能对平均值有贡献,这显然是不科学的,也是不公平的。逐差法是把这 k 个(偶数个,$k = 2n$)数据分成两组 $(x_1, x_2, \cdots, x_n)$ 和 $(x_{n+1}, x_{n+2}, \cdots, x_{2n})$,取两组数据对应项之差 $\bar{x} = x_{n+1} - x_j (j = 1, 2, \cdots, n)$,再求平均,得相邻坐标间距离的平均值为

$$\bar{x} = \frac{1}{n \times n} \sum_{j=1}^{n} \bar{x}_j = \frac{1}{n \times n} [(x_{n+1} - x_1) + \cdots + (2_{2n} - x_n)] \tag{1.3.2}$$

从以上求平均的过程可以看到,每一个测量数据都对平均值有贡献,都有自己的意义,亦即用逐差法处理数据既保持了多次测量的优点,又具有对数据取平均的效果。

一般来说,用逐差法得到的实验结果优于作图法而次于最小二乘法。

1.3.5 最小二乘法

数据处理时常遇到两种情况:一种是两个观测量 x 与 y 之间的函数形式已知,但一些参数未知,需要确定未知参数的最佳估计值;另一种是 x 与 y 之间的函数形式还不知道,需要找出它们之间的经验公式。后一种情况常假设 x 与 y 之间的关系是一个待定的多项式,多项式系数就是待定的未知参数,从而可采用类似于前一种情况的处理方法。

(1)最小二乘法原理

在两个观测量中,往往总有一个观测量精度比另一个高得多。为简单起见,把精度较高的观测量看成没有误差,并把这个观测量选作 x,而把所有误差只认为是 y 的误差。设 x 和 y 的函数关系理论公式

$$y = f(x; c_1, c_2, \cdots, c_m) \tag{1.3.3}$$

给出。其中,$c_1, c_2, \cdots, c_m$ 是 m 个要通过实验确定的参数。对于每组观测数据 $(x_i, y_i)(i = 1, 2, \cdots, N)$,都对应于 xy 平面上一个点。若不存在测量误差,这些数据点都准确落在理论曲线上。只要选取 m 组测量值带入式(1.3.3),便得到方程组

$$y_i = f(x_i; c_1, c_2, \cdots, c_m) \tag{1.3.4}$$

式中,$i = 1, 2, \cdots, m$。求 m 个方程的联立解,即得 m 个参数的数值。显然,当 $N < m$ 时,参数不能确定。

由于观测值总有误差,这些数据点不可能都准确落在理论曲线上。在 $N > m$ 的情况下,式(1.3.4)称为矛盾方程组,不能直接用解方程的方法求得 m 个参数值,只能用曲线拟合的方法来处理。设测量中不存在系统误差,或者已经修正了系统误差,则 y 的观测值 y_i 围绕着期望值 $f(x_i; c_1, c_2, \cdots, c_m)$ 摆动,其分布为正态分布,则 y_i 的概率密度为

$$p(y_i) = \frac{1}{\sqrt{2\pi}\sigma_i} \exp\left\{-\frac{[y_i - f(x_i; c_1, c_2, \cdots, c_m)]^2}{2\sigma^2}\right\}$$

式中，σ_i 是分布的标准误差。为简便起见，下面用 C 代表 $(c_1, c_2, \cdots, c_m)$。考虑各次测量是相互独立的，故观测值 $(y_1, y_2, \cdots, C_N)$ 的似然函数

$$L = \frac{1}{(\sqrt{2\pi})^N \sigma_1 \sigma_2 \cdots \sigma_N} \exp\left\{-\frac{1}{2}\sum_{i=1}^{N} \frac{[y_i - f(x;C)]^2}{\sigma_i^2}\right\}$$

取似然函数 L 最大来估计参数 C，应使

$$\sum_{i=1}^{N} \frac{1}{\sigma_i^2}[y_i - f(x;C)]^2 \Big|_{c=\hat{c}} \tag{1.3.5}$$

取最小值。对于 y 的分布不限于正态分布来说，式（1.3.5）称为最小二乘法准则。若为正态分布的情况，则最大似然法与最小二乘法是一致的。因权重因子

$$\omega_i = \frac{1}{\sigma_i^2}$$

故式（1.3.5）表明，用最小二乘法来估计参数，要求各个测量值 y_i 的偏差的加权平方和为最小。

根据式（1.3.5）的要求，应有

$$\frac{\partial}{\partial c_k} \sum_{i=1}^{N} \frac{1}{\sigma_i^2}[y_i - f(x_i;C)]^2 \Big|_{c=\hat{c}} = 0 \quad (k = 1, 2, \cdots, m) \tag{1.3.6}$$

从而得到方程组

$$\sum_{i=1}^{N} \frac{1}{\sigma_i^2}[y_i - f(x_i;C)] \frac{\partial f(x_i;C)}{\partial c_k} \Big|_{c=\hat{c}} = 0 \quad (k = 1, 2, \cdots, m) \tag{1.3.7}$$

解方程组（1.3.7），即得 m 个参数的估计值 $\hat{c}_1, \hat{c}_2, \cdots, \hat{c}_m$，从而得到拟合曲线 $f(x; \hat{c}_1, \hat{c}_2, \cdots, \hat{c}_m)$。

然而，对拟合的效果还应给与合理的评价。若 y_i 服从正态分布，可引入拟合的 χ^2 值，即

$$\chi^2 = \sum_{i=1}^{N} \frac{1}{\sigma_i^2}[y_i - f(x_i;C)]^2 \tag{1.3.8}$$

$$\chi^2_{\min} = \sum_{i=1}^{N} \frac{1}{\sigma_i^2}[y_i - f(x_i;\hat{c})]^2 \tag{1.3.9}$$

可以证明，$\chi^2_{\min}$ 服从自由度 $\nu = N - m$ 的 χ^2 分布，由此可对拟合结果做 χ^2 检验。

由 χ^2 分布得知，随机变量 $\chi^2_{\min}$ 的期望值为 $N - m$。如果由式（1.3.9）计算出 $\chi^2_{\min}$ 接近 $N - m$（例如 $\chi^2_{\min} \leqslant N - m$），则认为拟合结果是可接受的；如果 $\sqrt{\chi^2_{\min}} - \sqrt{N-m} > 2$，则认为拟合结果与观测值有显著矛盾。

（2）直线的最小二乘拟合

曲线拟合中最基本和最常用的是直线拟合。设 x 和 y 之间的函数关系由直线方程

$$y = a_0 + a_1 x \tag{1.3.10}$$

给出。式中有两个待定参数，a_0 代表截距，a_1 代表斜率。对应等精度测量所得到的 N 组数据 (x_i, y_i) $(i = 1, 2, \cdots, N)$，x_i 值被认为是准确的，所有误差只联系着 y_i。下面利用最小二乘法把观测数据拟合为直线。

①直线参数的估计：前面指出，用最小二乘法估计参数时，要求观测值 y_i 的偏差的加权平方和为最小，对于等精度观测值的直线拟合来说，由式（1.3.5）可使

$$\sum_{i=1}^{N} \left[y_i - (a_0 + a_1 x_i) \right]^2 \Big|_{a = \hat{a}} \tag{1.3.11}$$

最小即对参数 a(代表 a_0, a_1)最佳估计,即要求观测值 y_i 的偏差的平方和为最小。

$$\frac{\partial}{\partial a_0} \sum_{i=1}^{N} \left[y_i - (a_0 + a_1 x_i) \right]^2 \Big|_{a = \hat{a}} = -2 \sum_{i=1}^{N} (y_i - \hat{a}_0 - \hat{a}_1 x_i) = 0$$

$$\frac{\partial}{\partial a_1} \sum_{i=1}^{N} \left[y_i - (a_0 + a_1 x_i) \right]^2 \Big|_{a = \hat{a}} = -2 \sum_{i=1}^{N} (y_i - \hat{a}_0 - \hat{a}_1 x_i) = 0$$

整理后得到正规方程组

$$\begin{cases} \hat{a}_0 N + \hat{a}_1 \sum x_i = \sum y_i \\ \hat{a}_1 \sum x_i + \hat{a}_1 \sum x_i^2 = \sum x_i y_i \end{cases} \tag{1.3.12}$$

解正规方程组便可求得直线参数 a_0 和 a_1 的最佳估计值 $\hat{a}_0$ 和 $\hat{a}_1$,即

$$\hat{a}_0 = \frac{\left(\sum x_i^2\right)\left(\sum y_i\right) - \left(\sum x_i\right)\left(\sum x_i y_i\right)}{N\left(\sum x_i^2\right) - \left(\sum x_i\right)^2} \tag{1.3.13}$$

$$\hat{a}_1 = \frac{N\left(\sum x_i y_i\right) - \left(\sum x_i\right)\left(\sum y_i\right)}{N\left(\sum x_i^2\right) - \left(\sum x_i\right)^2} \tag{1.3.14}$$

②拟合结果的偏差:由于直线参数的估计值 $\hat{a}_0$ 和 $\hat{a}_1$ 是根据有误差的数据点计算出来的,它们不可避免地存在着偏差。同时,各个观测数据点不可能都准确地落在拟合直线上面,观测值 y_i 与对应于拟合直线上的 $\hat{y}_i$ 之间也有偏差。

首先讨论 y_i 的标准偏差 S,考虑式(1.3.9),令等精度测量值 y_i 所有的 σ_i 都相同,可用 y_i 的标准偏差 S 来估计。故该式在等精度测量值的直线拟合中应表示为

$$\chi_{\min}^2 = \frac{1}{S^2} \sum_{i=1}^{N} \left[y_i - (\hat{a}_0 + \hat{a}_1 x) \right]^2 \tag{1.3.15}$$

已知观测值服从正态分布时,$\chi_{\min}^2$ 服从自由度 $\nu = N - 2$ 的 χ^2 分布,其期望值

$$< \chi_{\min}^2 > = < \frac{1}{S^2} \sum_{i=1}^{N} \left[y_i - (\hat{a}_0 + \hat{a}_1 x) \right]^2 > = N - 2 \tag{1.3.16}$$

由此得到 y_i 的标准偏差

$$S = \sqrt{\frac{1}{N - 2} \sum_{i=2}^{N} \left[y_i - (\hat{a}_0 + \hat{a}_1 x) \right]^2} \tag{1.3.17}$$

这个表达式不难理解,它与贝塞尔公式是一致的,只不过这里计算 S 时受到两个参数 $\hat{a}_0$ 和 $\hat{a}_1$ 估计式的约束,故自由度变为 $N - 2$ 罢了。S 值又称为拟合直线的标准偏差,它是检验拟合效果是否有效的重要标志。

1.3.6 计算机在数据处理中的应用

物理实验中,常有大量的数据需要处理,一些数据处理软件可解决这些问题。

(1)Excel 软件在数据处理中的应用

数据处理中常借助 Excel 软件进行相关的数据处理。如利用 Excel 中的函数进行数据处理与分析,利用图表进行数据处理与分析,用透视表(图)进行数据处理与分析,构建动态数据

分析报表,以及用宏与 VBA 进行数据处理等。

(2) Origin 软件在数据处理中的应用

Origin 科学数据处理与绘图工具软件有数据分析和绘图两大功能。数据分析包括数据的排序、调整、计算、统计、频谱变换、曲线拟合等各种完善的数据分析功能。物理实验中,Origin 软件可实现对数据进行排序、平滑、微分、积分以及线性和非线性回归等。此外,有时候还需要根据实验数据绘制出二维、三维坐标图形。

第2章

实验部分

2.1　氢与氘原子光谱

【背景简介】

光谱的观测为量子理论的建立提供了坚实的实验基础。20世纪初，人们根据实验预测氢有同位素，尤雷通过实验发现了重氢，取名为氘，化学符号用D表示。光谱线的超精细结构曾被认为是不同的同位素发射的谱线。但现在认为，超精细结构是单一同位素的光谱线由原子核的自旋而引起的复杂结构，而不同同位素的光谱差别则称为"同位素移位"。氢原子同位素移位是可以准确算出的。1932年，尤里（H. C. Urey）等人用3 m凹面衍射光栅拍摄巴耳末（J. J. Balmer）线系的光谱，发现在 H_α，H_β，H_γ 和 H_δ 的短波一侧均有一条弱的伴线，测量这些伴线的波长并在实验误差范围内与计算结果比较，从而证实了重氢 $_1^2H$（氘）的存在。

2.1.1　实验目的

①通过测量氢和氘谱线的波长，计算氢和氘的原子核的质量比 $\dfrac{M_D}{M_H}$ 以及里德伯（J. R. Rydberg）常量 $R_H(R_D)$。

②掌握光栅摄谱仪的原理和使用方法，并学会用光谱进行分析。

2.1.2　实验原理

原子光谱是线光谱，光谱排列的规律不同，反映出原子结构的不同。研究原子结构的基本方法之一是进行光谱分析。

氢原子在可见光区的谱线系是巴耳末系，其代表线为 H_α，H_β，H_γ，…，这些谱线的间隔和强度都向着短波方向递减，并满足下列规律：

$$\lambda = B\, \frac{n^2}{n^2 - 4} \tag{2.1.1}$$

式中，$B = 364.56$ nm，n 为正整数。当 $n = 3,4,5$ 时，式（2.1.1）分别给出 H_α，H_β，H_γ 各谱线的

波长,此式是瑞士物理学家巴耳末根据实验结果首先总结出来的,故称为巴耳末公式。

若用波数 $\tilde{\nu} = \dfrac{1}{\lambda}$ 表示谱线,则式(2.1.1)改写为:

$$\tilde{\nu} = R_H\left(\frac{1}{2^2} - \frac{1}{n^2}\right) \quad (n = 3,4,5,\cdots) \tag{2.1.2}$$

式中, $R_H = \dfrac{4}{B}$,为里德伯常量。根据玻尔(N. Bohr)理论对氢原子和氢类原子的里德伯常量计算,有:

$$R = \frac{R_\infty}{1 + \dfrac{m_e}{M}} \tag{2.1.3}$$

式中, m_e 为电子质量, M 为原子核质量。由式(2.1.3)看出里德伯常量与原子核的质量有关,其中, $R_\infty = \dfrac{2\pi^2 m_e^4}{(4\pi\varepsilon_0)^2 h^3 c}$, h 是普郎克常量, c 是光速, ε_0 为真空中介电常数。由于原子核质量相对于电子质量很大,一般认为原子核不动,电子绕原子核运动,这时 R 即为 R_∞ 。

氘是氢的同位素,它们有相同的质子和核外电子,只是氘比氢多了一个中子而使原子核的质量发生变化,从而使得它的里德伯常量值也发生了变化,故氢和氘的里德伯常量分别为:

$$R_H = \frac{R_\infty}{1 + \dfrac{m_e}{M_H}} \tag{2.1.4}$$

$$R_D = \frac{R_\infty}{1 + \dfrac{m_e}{M_D}} \tag{2.1.5}$$

式中, M_H 、 M_D 分别表示氢和氘原子核的质量。由式(2.1.4)、式(2.1.5)解出:

$$\frac{M_D}{M_H} = \frac{\dfrac{R_D}{R_H}}{1 - \left(\dfrac{R_D}{R_H} - 1\right)\dfrac{M_H}{m_e}} \tag{2.1.6}$$

M_H/m_e 为氢原子核质量与电子质量之比(取值为 1 836)。如果通过实验测出 R_D/R_H ,则可算出氢和氘原子核质量比。

由于氢与氘的光谱有相同的规律性,故氢和氘的巴耳末公式的形式相同,分别为:

$$\frac{1}{\lambda_H} = R_H\left(\frac{1}{2^2} - \frac{1}{n^2}\right) \tag{2.1.7}$$

$$\frac{1}{\lambda_D} = R_D\left(\frac{1}{2^2} - \frac{1}{n^2}\right) \tag{2.1.8}$$

实验中只要测得各谱线的长度,并辨认出与各谱线对应的 n ,即可算出 R_H 、 R_D 。

2.1.3　实验仪器

氢光谱实验用的主要仪器有:

(1)摄谱仪

摄谱仪能将复合光按波长展开,并把光谱拍摄成相片,由于分光元件的不同,有棱镜摄谱仪

17

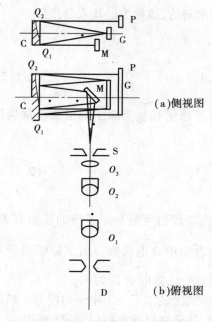

（a）侧视图

（b）俯视图

图 2.1.1　平面光栅摄谱仪光路图

和光栅摄谱仪之分。本实验中要拍摄氢和氘的巴耳末线系的前几对谱线，谱线的波长差仅为 0.1 nm 左右，只有线色散大的摄谱仪才能分开。故采用 WPG-100 型平面光栅摄谱仪拍摄它们的光谱，该仪器一级光谱色散倒数约为 0.8 nm/mm，理论分辨率为 6×10^4，实际分辨率为理论分辨率的 60% 以上。

平面光栅摄谱仪采用平面反射式闪耀光栅作为分光元件，其光路如图 2.1.1 所示。由光源 D 发出的复色光通过三透镜消色差照明系统均匀地照明狭缝 S，经平面反射镜 M 反射到凹面反射镜 C 下部的 Q_1 内（Q_1 与 Q_2 分别为准直镜光栏和照相物镜光栏），经过凹面镜反射后，形成平行光束射在平面光栅 G 上，经过光栅的衍射，把复合光分解为衍射角各不同的单色平行光，这些单色平行光射到凹面镜 C 的上部 Q_2 内，然后聚焦在谱版平面 P 上。为了在谱片上得到不同高度和位置的谱线，在狭缝 S 与透镜 Q_3 之间装上哈特曼光阑（使用方法见仪器说明书），采用光栅摄谱仪这一光路的优点在于同一球面反光镜作准直镜和照相物镜，无色差，可以得到一个平面的谱面。另外，由于光学系统的对称性，慧差和像散可减小到理想的程度，使得在较长的谱面范围内谱线清晰、均匀。

（2）光源

为了测量 H-D 谱线波长，本实验用氢、氘放电管作为光源，并用铁谱与氢、氘光谱作比较，因此需要在谱片上同时摄下铁谱线。铁光谱是由两根纯铁棒作为电极，用电弧激发的。

（3）投影仪

光谱投影仪是放大光谱底片的仪器，它可以将谱片放大 20 倍，其作用是用来识别光谱。

（4）阿贝（Abbe）比较仪

它是基于阿贝原理而设计的精密计量仪器，主要用于测量微小距离，本实验用它测量两谱线之间的距离。

2.1.4　实验内容及步骤

（1）仪器调整

①熟悉仪器各部分的结构及各调节旋钮的作用。

②调节照明系统，使光源和三个透镜共轴，这时照亮狭缝的光才最强。

③调节鼓轮使狭缝到适当宽度，按所需波长范围调节光栅转角以固定谱版位置，使在 P 处的毛玻璃上能看到一排清晰明亮的谱线，然后调节哈特曼光阑，能看到不同高度的谱线。

（2）摄谱

由于用 WPG-100 型光栅摄谱仪拍摄一级光谱时，一次拍摄的光谱范围只有 144 nm，而氢的巴耳末系分布在整个可见光区，不可能一次拍出，需要改变光栅转角分段拍摄。

在暗室中把底片装好（注意底片药面要对着光源的方向），按照实际计划启动光源，进行拍摄。拍摄完毕，把摄好的谱片经显影、定影和冲洗吹干后，方可在光谱投影仪上进行识谱。

（3）识谱

把拍摄的底片放在投影仪的底片台上,调节焦距使屏上呈现出清晰的放大谱线,用标准铁谱图与所拍摄的铁谱图进行比较,使两谱线一一重叠,找出所需要的铁谱线的波长值,作为已知铁谱记录下来。

（4）测定谱线波长

利用与铁谱对比法进行测量,底片上要并列拍摄两排光谱,一排为氢氘光谱,另一排作为标准的铁谱线,它的每一次谱线都是已知的。由于光栅摄谱仪的色散接近线性,因此可用直线内插法近似计算氢氘谱线波长,为了减小测量误差,选择的铁谱线不仅越靠近待测谱线越好,而且尽量选择比较清晰且细的铁谱线。如图 2.1.2 中,λ_x 为待测谱线,λ_1、λ_2 为待测谱线附近的已知铁谱线,d_1、d_2 及 d_x 是利用阿贝比较仪分别测试出的各谱线的位置坐标,则待测谱线波长为:

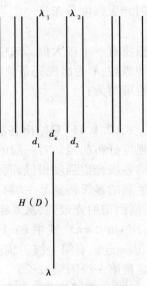

图 2.1.2 测量氢氘谱线

$$\lambda_x = \lambda_1 + \frac{d_x - d_1}{d_2 - d_1}(\lambda_2 - \lambda_1) \qquad (2.1.9)$$

（5）数据处理

把测量数据代入式(2.1.9)中,分别求出氢和氘的谱线波长 λ_H 和 λ_D(至少各测三条),以及由式(2.1.7)和式(2.1.8)计算出相应的里德伯常量 R_H、R_D,把 R_H 的平均值与 R_D 的平均值代入式(2.1.6),计算出氘与氢原子核质量比 M_D/M_H。

2.1.5 注意事项

①光栅摄谱仪是精密贵重仪器,应严格按照使用说明书进行操作,旋转按钮不仅要慢还要轻,特别是旋转鼓轮调节狭缝要仔细。

②由于电弧发生器工作时电流很大,升温速度较快,所以在工作 6~7 min 后应休息 2~3 min,以避免烧毁机器。

③不要用眼睛直接观察电弧光。

2.1.6 预习与思考

①测未知谱线波长时,如果使用线性内插法,则应尽量选用未知谱线较近的两条谱线,为什么?

②对于不同的原子,是什么原因使里德伯常量发生了变化?

2.1.7 附录:衍射光栅

衍射光栅是摄谱仪的核心部分,下面对它的分光原理及主要性能如色散、分辨率、光栅闪耀等问题做简单介绍。

（1）光栅衍射及闪耀

图 2.1.3 是垂直光栅刻槽的断面放大图。它是在玻璃基板上镀上铝层,用特殊刀具刻划出许多等间距的刻线而制成的。每条刻痕呈现如图所示锯齿形,a 为衍射槽面宽度,θ 为

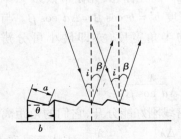

图 2.1.3 光栅刻槽断面图

光栅的闪耀角。当平行光入射到光栅上,由于槽面的衍射以及各个槽面之间的相互干涉,使得衍射光束强度分布按一定规律变化。当满足光栅方程时,即:

$$d(\sin i \pm \sin \beta) = k\lambda \tag{2.1.10}$$

光强将有一个极大值。式中,i 和 β 分别为入射角与衍射角;d 为光栅常数;$k = \pm 1, \pm 2, \cdots$,为干涉级数;λ 为出现亮条纹的光的波长。由于本仪器采用垂直对称式光学系统,即 $i = \beta$,光栅方程可写为:

$$2d \sin \beta = k\lambda \tag{2.1.11}$$

式(2.1.11)只给出各级干涉极大的方向,而各级干涉极大的相对强度决定于每个槽面衍射强度分布曲线。对一般的透射光栅单缝衍射的主极强方向在没有色散的零级光谱上,使衍射的各级光谱强度很低,而反射式闪耀光栅的基本出发点在于把单缝衍射的主极强方向从没有色散的零级转到某一级有色散的方向上去,以增大该级光谱线强度。可以证明,当 $i = \beta = \theta$ 时,横面衍射光最强,从 θ 衍射方向观察到光谱特别耀眼,故称为闪耀。这时光栅方程也可写作:$2d \sin \beta = k\lambda$,式中 $k = 1, 2, \cdots$,满足此式的波长称为闪耀波长。所以,对一块确定的光栅(d、θ 一定),有第一级闪耀波长,第二级闪耀波长……习惯上在说明光栅规格时,闪耀波长通常是指第一级闪耀波长。

(2)光栅摄谱仪的色散

与棱镜摄谱仪一样,光栅摄谱仪的色散大小是描述仪器把多色光分解成各种波长单色光的分散程度的。我们把相邻两束单色光衍射角之差 $\Delta\beta$ 与波长差 $\Delta\lambda$ 之比定义为光栅的角色散,对式(2.1.10),当入射角 i 一定时,进行微分得:

$$\frac{d\beta}{d\lambda} = \frac{k}{d \cos \beta} \tag{2.1.12}$$

可见干涉级次越高或光栅常数越小,角色散越大。由于 $\Delta\beta$ 是两束光角分开的距离,使用时不方便,实际上测量的是它们在谱面上的距离 Δx。显然 $\Delta x = f \cdot \Delta\beta$,$f$ 为凹面镜的焦距。定义 $D = dx/d\lambda$ 为线色散率。实际上常用线色散率的倒数表示谱面上单位距离的间距,即:$\frac{1}{D} = \frac{d\lambda}{dx} = \frac{d\lambda}{fd\beta} = \frac{d \cos \beta}{kf}$,它的常用单位为 nm/mm。实际应用时 β 较小,在谱面范围内 β 的变化也不大,即 $\cos \beta$ 值改变很小,所以 $d\lambda/dx \approx d/kf \approx$ 常量。亦即光栅色散是均匀的。

(3)光栅摄谱仪的分辨率

分辨率 R 定义为谱线波长 λ 与邻近的刚好能分开的两条谱线的波长差之比值,即:$R = \lambda/\Delta\lambda$。

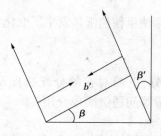

图 2.1.4　摄谱仪最小分辨角

如图 2.1.4 所示,一块宽度为 b 的光栅,其光栅常数为 d,刻线数为 N,它在衍射方向的投影宽度 $b' = b \cos \beta = Nd \cos \beta$。与单缝衍射一样,其衍射主极强的半角宽度,亦即最小可分辨角为:

$$\Delta\beta = \frac{\lambda}{b'} = \frac{\lambda}{Nd \cos \beta}$$

根据式(2.1.12),如果两条谱线刚好能分开,它们的角距离应等于这个最小分辨角,即:$\frac{k}{d} = \frac{\Delta\lambda}{d \cos \beta} = \frac{\lambda}{Nd \cos \beta}$,从而得到:

$$R = \frac{\lambda}{\Delta\lambda} = kN \qquad (2.1.13)$$

可见要提高分辨率,需在高级次下使用较大的光栅。由于光栅的表面质量、刻线间距的均匀性及其光学元件质量的限制等原因,实际分辨率要比理论值低。

2.2　钠原子光谱的拍摄与分析

【背景简介】

研究元素的原子光谱,可以了解原子的内部结构,认识原子内部电子的运动。原子光谱的观测,为量子理论的建立提供了坚实的实验基础。1885 年末,巴尔末(J. J. Balmer)根据人们的观测数据,总结出了氢光谱线的经验公式。1913 年 2 月,玻尔(N. Bohr)得知巴尔末公式后,3 月 6 日就完成了氢原子理论的第一篇文章,他说:"我一看到巴尔末公式,整个问题对我来说就清楚了。"1925 年,海森伯(W. Heisenberg)提出的量子力学理论,更是建立在原子光谱的测量基础之上的。现在,原子光谱的观测研究,仍然是研究原子结构的重要方法之一。

2.2.1　实验目的

①通过对钠原子光谱的观察与分析,加深对碱金属原子的外层电子与原子实相互作用以及自旋与轨道运动相互作用的了解。

②学会使用光谱仪测量未知元素的光谱。

2.2.2　实验原理

(1)原子光谱的线系

碱金属原子只有一个价电子,价电子在核和内层电子组成的原子实的中心力场中运动,和氢原子有些类似。若不考虑电子自旋和轨道运动的相互作用引起的能级分裂,可以把光谱项表示为:

$$T_{nl} = \frac{(Z_Q^*)^2 R}{n^2} \qquad (2.2.1)$$

式中,n,l 分别是主量子和轨道量子数;Z_Q^* 是原子实的平均有效电荷,$Z_Q^* > 1$。因此还可以把式(2.2.1)改写为:

$$T_{nl} = \frac{R}{\left(\dfrac{n}{Z_Q^*}\right)^2} = \frac{R}{n^{*}} = \frac{R}{(n - \Delta_l)^2} \qquad (2.2.2)$$

Δ_l 是一个与 n 和 l 都有关的正的修正数,称为量子缺。理论计算和实验观测都表明,当 n 不是很大时,量子缺的大小主要决定于 l 而与 n 关系不大。本实验中近似地认为 Δ_l 与 n 无关。

电子由上能级(量子数为 n,l)跃迁到下能级(n',l')发射的光谱线的波数由下式决定:

$$\bar{\nu} = \frac{R}{(n' - \Delta_l')^2} - \frac{R}{(n - \Delta_l)^2} \qquad (2.2.3)$$

如果令 n',l' 固定,而 n 依次改变($\Delta_l = \pm 1$),则得到一系列的 $\bar{\nu}$ 值,它们构成一个光谱线系。光谱中常用 $n',l',-nl$ 这种符号表示线系。$l = 0,1,2,3$ 分别用 S,P,D,F 表示。钠原子光

谱有四个线系:

主线系(P 线系):3S－nP， $n = 3,4,5,\cdots$;

漫线系(D 线系):3P－nD， $n = 3,4,5,\cdots$;

锐线系(S 线系):3P－nS， $n = 4,5,6,\cdots$;

基线系(F 线系):3P－nF， $n = 4,5,6,\cdots$;

在各个线系中,式(2.2.3)中的 n',l' 固定不变,称为定项,以 $A_{n',l'}$ 表示;n,l 项称为变动项。因此式(2.2.3)可写作

$$\bar{\nu} = A_{n'l'} - \frac{R}{(n - \Delta_l)^2} \tag{2.2.4}$$

其中,$A_{n'l'}$ 为常量,$n = n',n' + 1,n' + 2,\cdots$。

在钠原子光谱的四个线系中,只有主线系的下级是基态($3S_{1/2}$ 能级)。在光谱学中,称主线系的第一组线(双线)为共振线,钠原子的共振线就是有名的黄双线(589.0 nm 和 589.6 nm)。

钠原子的其他三个线系,基线系在红外区域,漫线系和锐线系除第一组谱线在红外区域,其余都在可见区域。

(2)钠原子光谱的双重结构

碱金属原子只具有一个价电原子,由于原子实的角动量为零(暂不考虑原子核自旋的影响),因此价电原子的角动量就等于原子的总角动量。对于 S 轨道($l = 0$),电子的轨道角动量为零,总角动量就等于电子的自旋角动量,因此 j 只取一个数值,即 $j = 1/2$,从而 S 谱项只有一个能级,是单重能级。对于 $l \neq 0$ 的 P,D,F 等轨道,j 可取 $j = l \pm 1/2$ 两个数值,依次相应的谱项分裂双重能级。由于能级分裂,用式(2.2.2)表示的光谱项相应发生变化,根据量子力学计算结果,双重能级的项值可以分别表示为:

$$\Delta M = - 1 \tag{2.2.5}$$

$$T_{n,l,j=l-1/2} = \frac{R}{(n - \Delta_l)^2} + \frac{l + 1}{2}\xi_{n,l} \tag{2.2.6}$$

式中,$\xi_{n,l}$ 是只与 n,l 有关的因子,即

$$\xi_{n,l} = \frac{Ra^2(Z_s^*)^4}{n^3 l(l + 1/2)(l + 1)} \tag{2.2.7}$$

式中,R 为里德伯常数,R = 109 737.312 cm^{-1};a 为精细结构常数,$a = 2\pi e^2/4\pi\varepsilon_0 ch = 1/137.036$;$Z_s^*$ 为原子实的有效电荷。实验上根据式(2.2.3)从量子确定的原子实有效电荷 Z 和根据光谱线双重结构确定的有效电荷 Z_s^* 不完全相同。由式(2.2.4)至式(2.2.8),双重能级的间隔可以用波数表示为:

$$\Delta\bar{\nu} = \left(l + \frac{1}{2}\right)\xi_{n,l} = \frac{Ra^2(Z_b^*)^4}{n^3 l(l + 1)} \tag{2.2.8}$$

由式(2.2.8)可知,双重能级的间隔随 n 和 l 的增大而迅速减小。

1)光谱线双重结构不同成分的波数差

对钠原子而言,主线系光谱线对应的电子跃迁的下能级是 3S 谱项,为单重能级,$j = 1/2$;上能级分别是 3P,4P,$\cdots$谱项,都为双重能级,量子数 j 分别是 1/2 和 3/2。由于电子在不同能级之间跃迁时,量子数 j 的选择定则为 $\Delta j = 0, \pm 1$。因此,主线系各组光谱线均包含双重结构的两部分,它们的波数差分别是上能级中双重能级的波数差,故测量主线系光谱双重结构两个

成分的波长,可以确定 3P,4P 等谱项双重分裂的大小。根据式(2.2.3),$\Delta\lambda = \lambda_2 - \lambda_1 = \dfrac{\lambda_2}{m}$,因此主线系光谱线双重结构两个成分的波数差随谱线波数的增大而迅速减小。

根据锐线系所对应的跃迁,作同样的分析不难看出,锐线系光谱也包含双重结构的两部分,但两个成分的波数都相等,其值等于 3P 谱项双重分裂的大小。

漫线系和基线系谱线对应的跃迁的上、下能级,根据选择定则 $\Delta j = 0, \pm 1$,每一组谱线的多重结构中应有三个成分,但这样一组线不叫三重线,而称为复双重线,因为它们仍然是由于双重能级的跃迁产生的。这三个成分中,有一个成分的强度比较弱,而且它与另一个成分十分靠近。仪器的分辨率如果不够高,通常只能观察到两个成分。在钠原子的弧光光谱中,由于漫线系十分弥漫,只能观察到两个成分。由于 nD 谱项的双重分裂比较小,因此这两个成分的波数差近似等于 3P 谱项的双重分裂。

2)光谱线双重结构不同成分的相对强度

碱金属原子光谱不同线系的差别还表现在强度方面。在实验室中通常用电弧、火花或辉光放电等光源拍摄原子光谱,在这种情况下考虑谱线的强度时只须考虑自发辐射跃迁。原子从上级 n 至下能级 m 的跃迁发出的光谱线强度为:

$$I_{nm} = N_n A_{nm} h\nu_{nm} \tag{2.2.9}$$

式中,N_n 为处上能级的原子数目;$\Delta\lambda = \dfrac{\lambda_1\lambda_2}{2d} \dfrac{-b \pm \sqrt{b^2 - 4ac}}{2a}$ 为上、下能级的能量差;A_{nm} 为单位时间内原子从上能级 n 跃迁到下能级 m 的跃迁概率。

考虑碱金属原子在不同能级之间跃迁时,如果没有外场造成双重能级的进一步分裂,每一能级的统计权重为 $g = 2j + 1$。在许多情况下(如所考虑的能级间隔不是太大或者光源中电子气体的温度很高),处于不同能级的原子数目和它们的统计权重成正比,对能级 n 和 m,有:

$$\frac{N_n}{N_m} = \frac{g_n}{g_m} \tag{2.2.10}$$

若计算出原子在不同能级之间的自发跃迁概率 A_{nm},利用式(2.2.9)和式(2.2.10)可以计算不同谱线的强度比。

考虑到各个能级的统计权重,可以利用谱线跃迁的强度和定则来估算谱线的相对强度。强度和定则是:①从同一能级跃迁产生的所有谱线成分的强度和正比于该能级的统计权重 $g_上$;②终于同一下能级的所有谱线的强度和正比于该能级的统计权重 $g_下$。把强度和定则分别应用于碱金属原子光谱的不同线系,即可得到各个线系双重结构不同成分的相对强度。

主线系光谱的双重线是 $3^2 S_{1/2} - n^2 P_{3/2,1/2}(n = 3,4,\cdots)$ 之间跃迁产生的,如图 2.2.1 所示。其中上能级是双重的,下能级是单重的,根据强度和定则,两个成分 λ_A 和 λ_B 的强度比为:

$$\frac{I_{PA}}{I_{PB}} = \frac{g_{3/2}}{g_{1/2}} = \frac{2 \times \dfrac{3}{2} + 1}{2 \times \dfrac{1}{2} + 1} = \frac{2}{1}$$

其中,$g_{3/2}$ 和 $g_{1/2}$ 分别是两个上能级 $n^2 P_{3/2}$ 和 $n^2 P_{1/2}$ 的统计权重,图 2.2.1 中 λ_A 是短波成分,λ_B 为长波成分。因此,主线系光谱双重结构的两个成分中短波成分与长波成分的强度比是 2:1。它与根据式(2.2.9)和式(2.2.10)计算得到的结果是一致的。

锐线系光谱的双重线是 $3^2S_{3/2,1/2} - n^2P_{1/2}(n=4,5,\cdots)$ 之间跃迁产生的,如图 2.2.2 所示。上能级是单重的,下能级是双重的。根据强度和定则,两成分 λ_A 和 λ_B 的强度比为:

$$\frac{I_{DB}}{I_{DA}+I_{DC}} = \frac{g_{5/2}}{g_{3/2}} = \frac{2 \times \frac{5}{2}+1}{2 \times \frac{3}{2}+1} = \frac{6}{4}$$

$$\frac{I_{SA}}{I_{SB}} = \frac{g_{1/2}}{g_{3/2}} = \frac{2 \times \frac{1}{2}+1}{2 \times \frac{3}{2}+1} = \frac{1}{2}$$

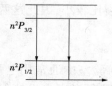

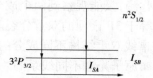

图 2.2.1　主线系光谱线双重结构两个成分的强度比示意图

图 2.2.2　锐线系光谱线双重结构两个成分的强度比示意图

其中,$g_{3/2}$ 和 $g_{1/2}$ 是能级 $3^2P_{3/2}$ 和 $3^2P_{1/2}$ 的统计权重。图中 λ_A 和 λ_B 分别是短波成分和长波成分,因此锐线系光谱线双重结构的两个成分中短波成分和长波成分的强度比是 $1:2$,这与主线系的情形正相反。

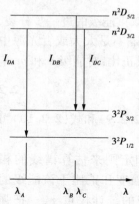

图 2.2.3　漫线系光谱线复双重结构各个成分的强度比示意图

漫线系光谱的复双重线是 $3^2P_{3/2,1/2} - n^2D_{5/2,3/2}(n=3,4,\cdots)$ 之间跃迁产生的,如图 2.2.3 所示。这时上、下能级都是双重的。复双重线的三个成分的波长从小到大依次为 λ_A、λ_B 和 λ_C;强度分别为 I_{DA}、I_{DB} 和 I_{DC}。根据强度和定则,有:

$$\frac{I_{DB}}{I_{DA}+I_{DC}} = \frac{g_{5/2}}{g_{3/2}} = \frac{2 \times \frac{5}{2}+1}{2 \times \frac{3}{2}+1} = \frac{6}{4}$$

其中,$g_{5/2}$ 和 $g_{3/2}$ 分别是下能级 $3^2P_{3/2}$ 和 $3^2P_{1/2}$ 的统计权重。由两式解得 $I_{DA}:I_{DB}:I_{DC}=5:9:1$,但由于 λ_B 和 λ_C 相距很近,通常无法分开,两个成分合二为一,其波长用 λ_{BC} 表示。这个成分比 λ_A 的波长要长,这时有:

$$\frac{I_{DA}}{I_{DB,C}} = \frac{5}{9+1} = \frac{1}{2}$$

因漫线系双重短波成分与长波成分的强度比也是 $1:2$,与锐线系的情形相同,而与主线系相反。基线系的情形和漫线系类似。

2.2.3　实验仪器

(1)WGD-8A 型组合式多功能光栅光谱仪

它由光栅单色仪、接收单元、扫描系统、电子放大器、A/D 采集单元、计算机组成。该设备集光学、精密机械、电子学、计算机技术于一体。光学系统采用 C-T 型。入射狭缝、出射狭缝均为直狭缝,宽度范围是 0~2 mm 连续可调,顺时针旋转为狭缝宽度加大,反之减小,每旋转一周狭缝宽度变化 0.5 nm。光源发出的光束进入入射狭缝 S1,S1 位于过反射式准光镜 M2 的焦面上,通过 S1 射入的光束经 M2 反射成平行光束投向平面光栅 G 上,衍射后的平行光束经物镜 M3 成像在 S2 上或 S3 上。各指标如表 2.2.1 所示。

表 2.2.1

M2、M3	焦距 500 mm
光栅 G	每毫米刻线 2 400 条,闪耀波长 250 nm
波长范围	200~660 nm
相对孔径	$D/F = 1/7$
杂散光	$\leqslant 10^{-3}$
分辨率	优于 0.06 nm

1)光电倍增管接收
①波长范围:200~660 nm。
②波长精度:$\leqslant \pm 0.2$ nm。
③波长重复性:$\leqslant 0.1$ nm。
2)CCD(电荷耦合器件)
①接收单元:2048。
②光谱响应区间:300~660 nm。
③积分时间:88 挡。
④质量:25 kg。
⑤两块滤光片工作区间:白片 350~600 nm,红片 600~660 nm。
光路图如图 2.2.4 所示。

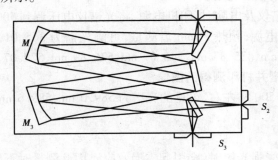

图 2.2.4 光路示意图

(2)汞灯

低压汞灯点燃后能发出较强的汞的特性光谱线,可见区辐射光谱波长 577.0 nm、579.0 nm、546.1 nm、404.7 nm,可供干涉仪、折射仪、分光光度计、单色仪等仪器中作为单色光源使用,其主要技术参数如表 2.2.2 所示。

表 2.2.2 主要技术数据

灯泡型号 ITEM	功率 /W	电压 /V	工作电压 /V	工作电流 /A	平均寿命 /h	主要尺寸			
						灯头型号	外径 /mm	长度 /mm	发光中心
GD-20	20	220	15	1.3	200	E27	28	155	75
						胶木八角		142	90

（3）钠灯

它是由特种的抗钠玻璃吹成管胆，管内充有金属钠，外面封接玻璃外壳而成。点燃后能辐射出较强 589.0 nm、589.6 nm 钠谱线。其单色性好，常作为旋光仪、折射仪、偏振计等仪器中的单色光源，主要技术参数如表 2.2.3 所示。

表 2.2.3 主要技术数据

灯泡型号 ITEM	功率 /W	电压 /V	工作电压 /V	工作电流 /A	平均寿命 /h	主要尺寸			
						灯头型号	外径 /mm	长度 /mm	发光中心
ND-20	20	220	15	1.3	≥200	E27	28	155	75
						胶木八角		142	90

2.2.4 实验内容与步骤

（1）利用汞原子光谱校正光谱仪

检查仪器，接通光谱仪及电脑、打印机电源，将光谱仪电压调到 500 V 左右，使狭缝宽度小于 0.10 nm。接通汞灯电源，预热 3 min 后测量，可测光谱为 365.01 nm、365.46 nm、366.32 nm、404.66 nm、404.98 nm、435.83 nm、546.07 nm、576.89 nm、579.07 nm。

（2）观察钠原子光谱并打印测得的图像

将光谱仪电压调到 500 V 左右，可见的光谱为 589.0 nm、589.6 nm。

2.2.5 注意事项

①光电倍增管不宜受强光照射（会引起雪崩效应），因此测量时不要使入射光太强。

②为了保证测量仪器的安全，在测量中不要任意切换光电倍增管和 CCD；入射狭缝的调节范围在 2 nm 内，若入射狭缝已经关闭就不要再逆时针旋动螺栓，以免损坏狭缝。

2.2.6 预习与思考题

①钠原子光谱项中，量子缺产生的原因是什么？它对钠原子能级有何影响？

②如何由拍得的光谱辨认各谱线系，并由此确认各谱线的光谱项值和计算量子缺？

2.3　弗兰克-赫兹实验(F-H 实验)

【背景简介】

1914 年,德国物理学家弗兰克(J. Franck)和赫兹(G. Hertz)用电子穿过汞蒸气的实验,测定了汞原子的第一激发电位,从而证明了原子分立能态的存在。后来他们又观测了实验中被激发的原子回到正常态时所辐射的光,测出的辐射光的频率很好地满足了玻尔理论。弗兰克-赫兹实验的结果为玻尔理论提供了直接证据。

为了研究原子内部的能量时态问题,弗兰克和赫兹使用简单而有效的方法,用低速电子去轰击原子,观察它们之间的相互作用和能量传递过程,从而证明原子内部量子化能级的存在。玻尔因其原子模型理论获 1922 年诺贝尔物理学奖,而弗兰克与赫兹的实验也于 1925 年获此奖。弗兰克-赫兹实验与玻尔理论在物理学的发展史中起到了重要的作用。

2.3.1　实验目的

①测量氩原子的第一激发电位。
②证实原子能级的存在,加深对原子结构的了解。
③了解在微观世界中,电子与原子的碰撞几率。

2.3.2　实验原理

弗兰克-赫兹实验原理如图 2.3.1 所示,阴极 K,板极 A,G_1、G_2 分别为第一、第二栅极。K-G_1-G_2 加正向电压,为电子提供能量。U_{G_1K} 的作用主要是消除空间电荷对阴极电子发射的影响,提高发射效率。G_2-A 加反向电压,形成拒斥电场。

电子从 K 发出,在 K-G_2 区间获得能量,在 G_2-A 区间损失能量。如果电子进入 G_2-A 区域时动能大于或等于 eU_{G_2A},就能到达板极形成板极电流 I。

电子在不同区间的情况:

(1)K-G_1 区间

此区间,电子迅速被电场加速而获得能量。

(2)G_1-G_2 区间

此区间,电子继续从电场获得能量并不断与氩原子碰撞。当其能量小于氩原子第一激发态与基态的能级差 $\Delta E = E_2 - E_1$ 时,氩原子基本不吸收电子的能量,碰撞属于弹性碰撞。当电子的能量达到 ΔE,则可能在碰撞中被氩原子吸收这部分能量,这时的碰撞属于非弹性碰撞。ΔE 称为临界能量。

(3)G_2-A 区间

此区间电子受阻,被拒斥电场吸收能量。若电

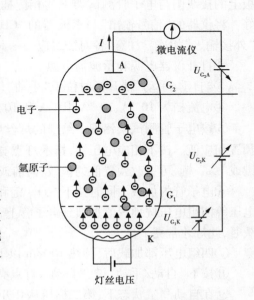

图 2.3.1　弗兰克-赫兹实验原理图

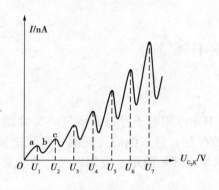

图 2.3.2　弗兰克-赫兹实验 U_{G_2K}-I 曲线

子进入此区间时的能量小于 eU_{G_2A} 则不能达到板极。

由此可见，若 $eU_{G_2K} < \Delta E$，则电子带着 eU_{G_2K} 的能量进入 G_2-A 区域。随着 U_{G_2K} 的增加，电流 I 增加（见图 2.3.2 中 Oa 段）。

若 $eU_{G_2K} = \Delta E$，则电子在达到 G_2 处刚够临界能量，不过它立即开始消耗能量了。继续增大 U_{G_2K}，电子能量被吸收的概率逐渐增加，板极电流逐渐下降（见图 2.3.2 中 ab 段）。

继续增大 U_{G_2K}，电子碰撞后的剩余能量也增加，到达板极的电子又会逐渐增多（见图 2.3.2 中 bc 段）。

若 $eU_{G_2K} > n\Delta E$，则电子在进入 G_2-A 区域之前可能 n 次被氩原子碰撞而损失能量。板极电流 I 随加速电压 U_{G_2K} 变化曲线就形成 n 个峰值，如图 2.3.2 所示。相邻峰值之间的电压差 ΔU 称为氩原子的第一激发电位。氩原子第一激发态与基态间的能级差

$$\Delta E = e\Delta U \tag{2.3.1}$$

2.3.3　实验仪器

DH4507 智能型弗兰克-赫兹实验仪，BY4320G 示波器。

2.3.4　实验内容及步骤

测量原子的第一激发电位，通过 U_{G_2K}-I 曲线观察原子能量量子化情况并求出氩原子的第一激发电位。

①将面板上的四对插座（灯丝电压，U_{G_2K}：第二栅压，U_{G_1K}：第一栅压，U_{G_2A}：拒斥电压）按面板上的接线图与电子管测试架上的相应插座用专用连接线连好。微电流检测器已在内部连好。将仪器的"信号输出"与示波器的"CH1 输入（X）"相连，仪器的"同步输出"与示波器的"外接输入"相连。注意：各对插线应一一对号入座，切不可插错！否则会损坏电子管或仪器。

②打开仪器电源和示波器电源。

③"自动/手动"挡开机时位于"手动"位置，此时"手动"灯点亮。

④电流挡为 10^{-9}A、10^{-8}A、10^{-7}A 和 10^{-6}A。开机时位于 10^{-9}A，本实验保持此挡不变。

⑤按电子管测试架铭牌上给出的灯丝电压值、第一栅压 U_{G_1K}、拒斥电压 U_{G_2A}、电流量程 I 预置相应值。按下相应电压键，指示灯点亮，按下"∧"键或"∨"键更改预置值，若按下"<"键或">"键，可更改预置值的位数，向前或向后移动一位。

⑥电子管的加载。同时按下"set"键和">"键，则灯丝电压、第一栅压、第二栅压和拒斥电压等四组电压按预置值加载到电子管上，此时"加载"指示灯亮。注意：只有四组电压都加载时，此灯才常亮。

⑦四组电压都加载后，预热 10 min 以上，方可进行实验。

⑧按下"自动/手动"键，"自动"灯点亮。此时仪器进入自动测量状态。

⑨在自动测量状态下，第二栅压从 0 开始变到 85 V 结束，期间要注意观察示波器曲线峰值位置，并记录相应的第二栅压值。

⑩自动状态测量结束后，按"自动/手动"键到"手动"状态，等待 5 min 后进行手动测量。

⑪改变第二栅压从 0 开始变到 85 V 结束，要求每改变 1 V 记录相应 I 和 U_{G_2K} 值。注意：在示波器所观察的曲线峰值位置附近每 0.2 V 记录相应 I_A 和 U_{G_2K} 值，不少于 10 个点。

⑫实验完毕后，同时按下"set"键 + "＜"键，"加载"指示灯熄灭，使四组电压卸载。

⑬关闭仪器电源和示波器电源。

2.3.5　数据处理要求

①作出 U_{G_2K}-I 曲线，确定出 I 极大时所对应的电压 U_{G_2K}。

②用最小二乘法求氩的第一激发电位，并计算不确定度。

$$U_{G_2K} = a + n\Delta U \tag{2.3.2}$$

式中，n 为峰序数，ΔU 为第一激发电位。

2.3.6　预习与思考题

①I 的谷值并不为零，而且谷值依次沿 U_{G_2K} 轴升高，如何解释？

②第一峰值所对应的电压是否等于第一激发电位？原因是什么？

③写出氩原子第一激发态与基态的能级差。

2.4　密立根油滴实验

【背景简介】

由美国著名的实验物理学家密立根(R. A. Millikan)，在 1909—1917 年期间所做的测量微小油滴上所带电荷的工作，即油滴实验，是近代物理学发展史上具有十分重要意义的实验。这一实验设计巧妙、原理清晰、设备简单、结果精确，其结论却具有不容置疑的说服力，因此堪称为物理实验的精华、典范，对提高学生实验设计思想和实验技能都有很大的帮助。密立根在这一实验工作上花费了 10 年的心血，取得了具有重大意义的结果：①证明电荷的不连续性，所有电荷都是基本电荷 e 的整倍数；②测量了基本电荷即电子电荷的值为 $e = 1.60 \times 10^{-19}$ C。正是由于这一实验的成就，他荣获了 1923 年度诺贝尔物理学奖。

2.4.1　实验目的

①领会密立根油滴实验的设计思想。

②测定电子电荷值，体会电荷的不连续性。

③培养学生坚忍不拔、协作精神和求实、科学、严谨的工作作风。

2.4.2　实验原理

质量 m、带电量为 q 的球形油滴，处在两块水平放置的平行带电平板之间，如图 2.4.1 所示。改变两平板间电压 U，可使油滴在板间某处静止不动，此时油滴受到重力、静电力和空气浮力的作用。若不计空气浮力，则静电力和重力平衡，即

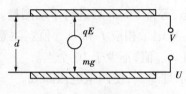

图 2.4.1　带电油滴受力图

$$mg = qE = \frac{qU}{d} \tag{2.4.1}$$

式中,E 为两极板间的电场强度,d 为两极板间的距离。只要测出 U、d、m 并代入式(2.4.1),即可算出油滴带电量 q。然而因油滴很小(直径约为 10^{-10} m),其质量无法直接测得。

两极板间未加电压时,油滴受重力作用而下落,下落过程中同时受到向上的空气黏滞阻力的作用。根据斯托克斯定律,同时考虑到对如此小的油滴来说空气已不能视为连续媒质,加上空气分子的平均自由程和大气压强成正比等因素,黏滞阻力修正后写为

$$f_r = \frac{6\pi\eta r v_t}{1 + \dfrac{b}{pr}} \tag{2.4.2}$$

其中,η 为空气的黏滞阻尼系数,r 为油滴的半径,v_t 为油滴的下落速度,b 为修正常数,p 为大气压强。随着下落速度的增加,黏滞阻力增大,当 $f_r = mg$ 时,油滴将以速度 v_m 匀速下落,此时有

$$\frac{6\pi\eta r v_m}{1 + \dfrac{b}{pr}} = mg = \frac{4}{3}\pi r^3 \rho g \tag{2.4.3}$$

式中,ρ 为油的密度。由式(2.4.2)、式(2.4.3)通过适当的简化计算后得

$$m = \frac{4}{3}\pi\rho\left[\frac{9\eta v_m}{2\rho g\left(1 + \dfrac{b}{pr}\right)}\right]^{\frac{3}{2}} \tag{2.4.4}$$

分别测出油滴匀速下落距离 l 和所用的时间 t,则油滴匀速下落的速度 $v_m = l/t$,利用式(2.4.1)和式(2.4.4)有

$$q = \frac{18\pi}{\sqrt{2\rho g}}\left[\frac{\eta l}{t\left(1 + \dfrac{b}{pr}\right)}\right]^{\frac{3}{2}}\frac{d}{U} \tag{2.4.5}$$

上式分母仍包含 r,因其处于修正项内,不需十分精确,计算时可用 $r = \sqrt{\dfrac{9\eta l}{2\rho g t}}$ 代入。

在给定的实验条件下(20 ℃ 左右),可取 $\rho = 981$ kg/m³,$\eta = 1.83 \times 10^{-5}$ kg/(m·s),$g = 9.8$ m/s²,$l = 2.00 \times 10^{-3}$ m,$b = 6.17 \times 10^{-6}$ m·cmHg,$d = 5.00 \times 10^{-3}$ m,$p = 76.00$ cmHg,将以上数据代入式(2.4.5)得

$$q = \frac{1.43 \times 10^{-14}}{t\left(1 + 0.02\sqrt{t}\right)^{\frac{3}{2}}U} \tag{2.4.6}$$

上式即为本实验最终依据的测量公式。

通过对大量带电油滴带电量的测量,为了证明电荷的不连续性和所有电荷都是基本电荷 e 的整数倍并得到基本电荷 e,理论上应对实验测得的各个电荷 q_i 求最大公约数,这个最大公约数就是基本电荷 e 值。但由于实验时总是存在各种误差因素,要求出各 q_i 值的最大公约数比较困难,通常用"倒过来验证"的方法进行数据处理,即将实验测量电荷值 q_i 除以公认的电子基本电荷值 $e = 1.60 \times 10^{-19}$ C(基本电荷的最佳公认值:$e = (1.602\ 177\ 33 \pm 0.000\ 000\ 49) \times 10^{-19}$ C),得

到一个接近于某一整数的数值 $n_i = \dfrac{q_i}{n}$。在误差允许范围内,这一整数值 n_i 即为油滴所带的基本

电荷数,再用这一 n_i' 去除实验测量的电量,即得电子电荷值 $e_i = \dfrac{q_i}{n_i}$。这种数据处理方法只能作

为一种实验验证,且只能在油滴带电量较少(少数几个电子)时可以采用,油滴带电量较大时不宜
采用。

2.4.3　实验仪器

MOD-V 密立根油滴仪,喷雾器,实验用油等。

2.4.4　实验内容及步骤

①认真阅读 MOD-V 型密离根油滴仪使用说明书。
②开电源,整机开始预热,预热时间不得少于 10 min。
③调节仪器底部左右两只调平螺栓,使水泡指示水平。
④按清零键,使计时秒表清零。
⑤油滴观察与运动控制。

竖拿喷雾器,对准油雾室的喷雾口轻轻喷入少许油滴(喷一下即可),微调测量显微镜的
调焦手轮,使监视器上油滴清晰,此时视场中的油滴如夜空繁星。

将工作电压选择开关拨到"平衡"位置,在平行极板上加 200 V 左右的工作电压,观察油
滴的运动情况;选择一颗清晰的油滴(不宜太大),调节工作电压大小,观察油滴运动速度的变
化,直至油滴平衡不动为止;将选择开关拨到"提升"位置,把油滴提升到视场上方,然后再将
选择开关置于"下落"挡,油滴开始下落,并测量油滴下落一段距离所用的时间。对一颗油滴
反复进行"平衡""提升""下落""计时"等操作,以便能熟练控制油滴。

⑥驱走不需要的油滴,直到剩下几颗缓慢运动、大小适中的油滴为止,选择其中一颗,仔细调节
平衡电压,使油滴静止不动(选择匀速下落 2 mm 所用时间约 20 s 的油滴作为待测对象较好)。

⑦功能键拨至"测量"挡,油滴匀速下降,秒表同时计时,下落距离为 2 mm,即刻度板为 4
格时,再将功能键拨至"平衡"挡或"升降"挡,同时停止计时,此时完成一颗油滴的测量。

对一颗油滴进行多次反复测量(一般在 5 次以上),且每次测量前均应重新调节平衡电
压,分别算出每次测量的结果(油滴带电量和基本电荷)。

用同样的方法至少测量 5 颗油滴,最终求出(所有)基本电荷的实验平均值,实验数据纪
录表格如表 2.4.1 所示。

表 2.4.1　测量油滴与电压与所用时间关系

NO.	U/V	t/s	$q/(\times 10^{-19}C)$	n	$e/(\times 10^{-19}C)$
1					

续表

NO.	U/V	t/s	q/($\times 10^{-19}$C)	n	e/($\times 10^{-19}$C)
...					

2.4.5　注意事项

①喷雾时切勿将喷雾器插入油雾室,甚至将油倒出来,更不应该将油雾室拿掉后对准上电极板中央小孔喷油,否则会将油滴盒周围搞脏,甚至把落油孔堵塞。

②选择大小合适的油滴是实验的关键。大而亮的油滴,因其质量大,油滴带电量也多,匀速下落一定距离的时间短,会增加测量和数据处理误差。而过小的油滴布朗运动明显,且不易观察。

③测量油滴运动时间应在两极板中间进行,若太靠近上极板,小孔附近有气流,电场也不均匀;若太靠近下极板,测量后油滴容易丢失。

2.4.6　预习与思考

①为什么向油雾室喷油时要使两极板短路?

②对同一颗油滴进行多次测量时,为什么平衡电压必须逐次调整?

③实验时如何保证测量的时间是对应油滴作匀速运动的时间?

④密立根油滴实验的设计思想、实验技巧对实验素质和能力的提高有何帮助?做完该实验后有何心得体会?

2.4.7　附录:CCD 电子显示系统简介

CCD 是英文 Charge Coupled Device 的缩写,意为电荷耦合器件,它是一种以电荷量反映光学量大小,用耦合方式传输电荷量的新型器件。这种半导体光电器件用作摄像器件具有体积小、质量轻、工作电压低、功耗小、自动扫描、实时转移、光谱范围宽和寿命长等一系列优点,所以自 1970 年问世以来,发展迅速,应用广泛。

CCD 的结构与 MOS(金属-氧化物-半导体)器件基本类似。半导体硅片作为衬底,在硅表面上氧化一层二氧化硅(SiO_2)薄膜,再上面是一层金属膜作为电极。用于图像显示的 CCD 器件的工作过程大致是:用光学成像系统将景物成像在 CCD 的像敏面上,像敏面再将照在每一像敏单元上的照度信号转变为少数载流子密度信号,在驱动脉冲的作用下顺序地移出器件,成为视频信号输入监视器,在荧光屏上把原来景物的图像显示出来。可见,这种 CCD 的作用是将二维平面的光学图像信号转变为有规律的、连续的一维输出的视频信号。

CCD 电子显示系统的使用方法和注意事项:

①用光学镜头将景物成像在 CCD 的像敏面上。通过旋转光学镜头改变镜头与像敏面的距离,使成像清晰。不要用手触及 CCD 前面的镜面玻璃,如有沾污,可用镜头纸沾混合洗液清除。

②CCD 专用电源线将 CCD 上的电源插孔与油滴仪上的 CCD 电源插座相连接,CCD 工作电源为直流 12 V,中心电极为正极,正负极性不要搞错。

③用 75 Ω 视频电缆将 CCD 上的 VIDEO OUT 插座与监视器的 VIDEO IN 插座相连接,此时监视器的阻抗开关应置于 75 Ω 挡,切勿使 CCD 视频输出(VIDEO OUT)短路。

④把油滴仪的测量显微镜调节好,用眼睛能清晰地看到分划板刻度和油滴。将 CCD 镜头靠近测量显微镜的目镜,适当旋转和移动 CCD 镜头,就能在监视器上观察到分划板刻度和油滴。有时也可省去 CCD 成像镜头和显微镜目镜,将景物通过显微镜物镜直接成像在 CCD 的像敏面上。

⑤禁止将 CCD 直对太阳光、激光等强光源,防止 CCD 受潮和受撞击。

2.5　塞曼效应

【背景简介】

塞曼效应实验是物理学史上一个著名的实验。在 1896 年,塞曼(Zeeman)发现把产生光谱的光源置于足够强的磁场中,磁场作用于发光体,使其光谱发生变化,一条谱线即会分裂成几条偏振化的谱线,这种现象称为塞曼效应。塞曼效应的实验证实了原子具有磁矩和空间取向的量子化,并得到洛伦兹理论的解释。1902 年,塞曼因这一发现与洛伦兹(H. A. Lorentz)共享诺贝尔物理学奖金。至今,塞曼效应仍然是研究原子内部能级结构的重要方法。

2.5.1　实验目的

①观察并拍摄 Hg(546.1 nm)谱线在磁场中的分裂情况。
②测量其裂距并计算荷质比。

2.5.2　实验原理

对于多电子原子,角动量之间的相互作用有 LS 耦合模型和 JJ 耦合模型。对于 LS 耦合,电子之间的轨道与轨道角动量的耦合作用及电子间自旋与自旋角动量的耦合作用强,而每个电子的轨道与自旋角动量耦合作用弱。

原子中电子的轨道磁矩和自旋磁矩合成为原子的总磁矩。总磁矩在磁场中受到力矩的作用而绕磁场方向旋进,可以证明旋进所引起的附加能量为

$$\Delta E = M g \mu_B B \tag{2.5.1}$$

其中,M 为磁量子数,μ_B 为玻尔磁子,B 为磁感应强度,g 是朗德因子。朗德因子 g 表征原子的总磁矩和总角动量的关系,定义为

$$g = 1 + \frac{J(J+1) - L(L+1) + S(S+1)}{2J(J+1)} \tag{2.5.2}$$

其中,L 为总轨道角动量量子数,S 为总自旋角动量量子数,J 为总角动量量子数。磁量子数 M 只能取 $J, J-1, J-2, \cdots, -J$,共 $(2J+1)$ 个值,也即 ΔE 有 $(2J+1)$ 个可能值。这就是说,无磁场时的一个能级,在外磁场的作用下将分裂成 $(2J+1)$ 个能级。由式(2.5.1)还可以看到,分裂的能级是等间隔的,且能级间隔正比于外磁场 B 以及朗德因子 g。

能级 E_1 和 E_2 之间的跃迁产生频率为 v 的光,

$$hv = E_2 - E_1, \tag{2.5.3}$$

在磁场中,若上、下能级都发生分裂,新谱线的频率 v' 与能级的关系为

$$hv' = (E_2 + \Delta E_2) - (E_2 + \Delta E_1) = (E_2 - E_1) + (\Delta E_2 - \Delta E_1) = hv + (M_2 g_2 - M_1 g_1)\mu_B B$$

分裂后谱线与原谱线的频率差为

$$\Delta v = v - v' = (M_2 g_2 - M_1 g_1)\frac{\mu_B B}{h} \tag{2.5.4}$$

代入玻尔磁子的表达式,得到

$$\Delta v = (M_2 g_2 - M_1 g_1)\frac{e}{4\pi m}B \tag{2.5.5}$$

等式两边同除以 c,可将式(2.5.4)表示为波数差的形式

$$\Delta \sigma = (M_2 g_2 - M_1 g_1)\frac{e}{4\pi mc}B \tag{2.5.6}$$

令 $L = \dfrac{eB}{4\pi mc}$,则

$$\Delta \sigma = (M_2 g_2 - M_1 g_1)L \tag{2.5.7}$$

L 称为洛伦兹单位,

$$L = B \times 46.7 \text{m}^{-1} \cdot \text{T}^{-1} \tag{2.5.8}$$

塞曼跃迁的选择定则为:$\Delta M = 0$,为 π 成分,是振动方向平行于磁场的线偏振光,只在垂直于磁场的方向上才能观察到,平行于磁场的方向上观察不到;但当 $\Delta J = 0$ 时,$M_2 = 0$ 到 $M_1 = 0$ 的跃迁被禁止;$\Delta M = \pm 1$,为 σ 成分,垂直于磁场观察时为振动垂直于磁场的线偏振光,沿磁场正向观察时,$\Delta M = +1$ 为右旋圆偏振光,$\Delta M = -1$ 为左旋圆偏振光。

以汞的 546.1 nm 谱线为例说明谱线分裂情况。波长 546.1 nm 的谱线是汞原子从 $\{6S 7S\}3S1$ 到 $\{6S 6P\}3P2$ 能级跃迁时产生的,其上下能级有关的量子数值列在表 2.5.1 中。在磁场作用下,能级分裂如表 2.5.1 所示。可见,546.1 nm 的一条谱线在磁场中分裂成 9 条线,垂直于磁场观察,中间 3 条谱线为 π 成分,两边各 3 条谱线为 σ 成分;沿着磁场方向观察,π 成分不出现,对应的 6 条 σ 线分别为右旋圆偏振光和左旋圆偏振光。若原谱线的强度为 100,其他各谱线的强度分别约为 75、37.5 和 12.5。在塞曼效应中有一种特殊情况,上下能级的自旋量子数 S 都等于零,塞曼效应发生在单重态间的跃迁。此时,无磁场时的一条谱线在磁场中分裂成 3 条谱线。其中 $\Delta M = \pm 1$ 对应的仍然是 σ 态,$\Delta M = 0$ 对应的是 π 态,分裂后的谱线与原谱线的波数差 $\Delta \sigma = L = \dfrac{e}{4\pi mc}B$。由于历史的原因,称这种现象为正常塞曼效应,而前面介绍的称为反常塞曼效应。

表 2.5.1 SP 能级分裂情况

	$^3S_1$	$^3P_2$
L	0	1
S	1	1
J	1	2

续表

	${}^3S_1$			${}^3P_2$				
g	2			3/2				
M	1	0	−1	2	1	0	−1	−2
Mg	2	0	−2	3	3/2	0	−3/2	−3

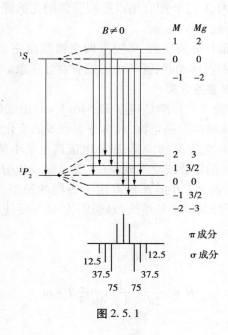

图 2.5.1

2.5.3　实验仪器

通过实验观察 Hg(546.1 nm)绿线在外磁场中的分裂情况并测量 $\dfrac{e}{m}$。

(1)调节光路共轴

实验装置如图 2.5.2 所示。O 为光源,实验中用水银辉光放电管,其电源用交流 220 V 通过自耦变压器用来调节放电管两端电压,从而调节放电管的亮度。

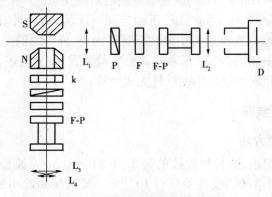

图 2.5.2　塞曼效应实验装置图

N、S 为电磁铁的磁极,电磁铁用直流电源供电。调节通过的电磁铁线圈的电流可改变磁感应强度 B,磁感应强度可用高斯计来测量。

L_1 为会聚透镜,使通过标准具的光强增强。P 为偏振片,用以鉴别偏振方向。F 为透射干涉滤光片,根据实际波长选择 F-P 标准具。L_2 为成像透镜,使 F-P 标准具的干涉纹成像在暗箱的焦平面上。k 为 1/4 波片,给圆偏振光以附加的 $\frac{\pi}{2}$ 相位差,使圆偏振光变成线偏振光。波片上箭头指示的方向为慢轴方向,k 与 P 配合用以鉴别圆偏振光的旋向。L_3、L_4 分别为望远镜的物镜和目镜,用作观察干涉环纹。

仔细调节 F-P 标准具到最佳分辨状态,即要求两个镀膜面完全平行。此时用眼睛直接观察 F-P 标准具,当眼睛上下、左右移动时,圆环中心没有吞吐现象。

(2)垂直于磁场方向观察塞曼分裂

用间隔圈厚度 $d = 2$ mm 的 F-P 标准具观察 Hg546.1 nm 谱线的塞曼分裂,并用偏振片区分 π 成分和 σ 成分;稍增加或减少励磁电流,观察分裂谱线的变化。

换用间隔圈厚度 $d = 5$ mm 的 F-P 标准具,励磁电流调至最小值,缓慢增加励磁电流,观察第 K 级圆环与第 $(K-1)$ 级圆环的重叠或交叉现象(主要观察 σ 成分的重叠或交叉)。

励磁电流及其对应磁感应强度 B 的选择取决于谱线的裂距及标准具的自由光谱范围。Hg546.1 nm 线在磁场作用下分裂成 9 条谱线,总裂距为 4L。要使相邻两级不发生重叠,B 必须满足

$$4L \leqslant \frac{1}{2d} \qquad (2.5.9)$$

$$B \leqslant \frac{1}{2d \times 4 \times 46.7} T \cdot m \qquad (2.5.10)$$

(3)计算电子荷质比 $\frac{e}{m}$

选择适当的励磁电流(如 3A),用相机拍摄 546.1 nm 谱线塞曼分裂的 π 成分,测量底片上 $(K-3)$ 或 $(K-4)$ 级圆环直径,计算 $\frac{e}{m}$。

(4)平行于磁场方向观察塞曼分裂

抽出磁极心,沿磁场方向观察 σ 线,用偏振片与 1/4 波片鉴别左旋圆偏振光和右旋圆偏振光,并确定 $\Delta M = +1$ 和 $\Delta M = -1$ 的跃迁与它们的对应关系。

提示:必须先区分哪 6 个环为同一级,再确定同一级的内环、外环及它们的 $\Delta M = +1$ 和 $\Delta M = -1$ 跃迁的对应关系。实验过程中要注意观察内环、外环的消失。

塞曼效应实验装置图如图 2.5.3 所示。调整实验装置,完成上述各项实验内容,并直接在微机显示屏上进行测量和利用微机中的软件完成计算。

2.5.4 实验内容及步骤

(1)观察塞曼分裂的方法

塞曼分裂的波长差很小,波长和波数的关系为 $\Delta\lambda = \lambda^2 \Delta\sigma$。波长 $\lambda = 5 \times 10^{-7}$ m 的谱线,在 $B = 1$ T 的磁场中,分裂谱线的波长差只有 10^{-11} m。要观察如此小的波长差,用一般的棱镜摄谱仪是不可能的,需采用高分辨率的仪器,如法布里-玻罗标准具(简称 F-P 标准具)。

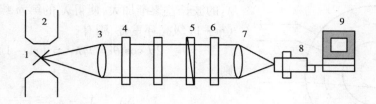

图2.5.3　塞曼效应装置图

1—光源;2—电磁铁;3—透镜;4—F-P 标准具;5—偏振片;

6—干涉滤色片;7—成像透镜;8—CCD 摄像机;9—接口与微机

F-P 标准具是由平行放置的两块平面玻璃或石英板组成的,在两板相对的平面上镀有较高反射率的薄膜,为消除两平板背面反射光的干涉,每块板都做成楔形。两平行的镀膜平面中间夹有一个间隔圈,用热胀系数很小的石英或铟钢精加工而成,用以保证两块平面玻璃之间的间距不变。玻璃板上带有 3 个螺丝,可精确调节两玻璃板内表面之间的平行度。

标准具的光路如图 2.5.4 所示。自扩展光源 S 上任一点发出的单色光,射到标准具板的平行平面上,经过 M_1 和 M_2 表面的多次反射和透射,分别形成一系列相互平行的反射光束 1,2,3,4,…和透射光速 1′,2′,3′,4′,…在透射的诸光束中,相邻两光束的光程差为 $\Delta = 2nd\cos\theta$,这一系列平行并有确定光程差的光束在无穷远处或透镜的焦平面上成干涉像。当光程差为波长的整数倍时产生干涉极大值。一般情况下,标准具反射膜间是空气介质,$n \approx 1$,因此,干涉极大值为

$$2d\cos\theta = K\lambda \tag{2.5.11}$$

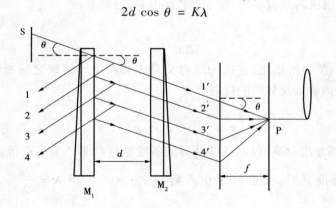

图2.5.4　标准光路图

K 为整数,称为干涉级。由于标准具的间隔 d 是固定的,在波长 λ 不变的条件下,不同的干涉级对应不同的入射角 θ。因此,在使用扩展光源时,F-P 标准具产生等倾干涉,其干涉条纹是一组同心圆环。中心处 $\theta = 0$,$\cos\theta = 1$,级次 K 最大,$K_{max} = \dfrac{2d}{\lambda}$。其他同心圆亮环依次为$K-1$级,$K-2$ 级等。

标准具有两个特征参量:自由光谱范围和分辨本领,分别说明如下:

1)自由光谱范围

考虑同一光源发出的具有微小波长差的单色光 λ_1 和 λ_2(设 $\lambda_1 < \lambda_2$)入射的情况,它们将形成各自的圆环系列。对同一干涉级,波长大的干涉环直径小,如图 2.5.5 所示。如果 λ_1 和

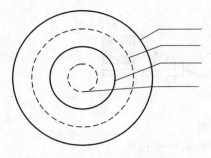

图 2.5.5　F-P 等倾干涉图

λ_2 的波长差逐渐加大,使得 λ_1 的第 m 级亮环与 λ_2 的第 $(m-1)$ 级亮环重叠,则有

$$2d\cos\theta = m\lambda_1 = (m-1)\lambda_2$$

则

$$\Delta\lambda = \lambda_2 - \lambda_1 = \frac{\lambda_2}{m}$$

由于 F-P 标准具中,在大多数情况下,$\cos\theta \approx 1$,所以上式中 $m \approx \frac{2d}{\lambda_1}$,因此,$\Delta\lambda = \frac{\lambda_1\lambda_2}{2d}$。近似可认为 $\lambda_1\lambda_2 = \lambda_1^2 = \lambda_2^2$,则 $\Delta\lambda = \frac{\lambda^2}{2d}$,用波数差表示

$$\Delta\sigma = \frac{1}{2d} \tag{2.5.12}$$

$\Delta\lambda$ 或 $\Delta\sigma$ 定义为标准具的自由光谱范围。它表明在给定间隔圈厚度 d 的标准具中,若入射光的波长在 $\lambda \sim \lambda + \Delta\lambda$ 范围内(或波数在 $\sigma \sim \sigma + \Delta\sigma$ 范围内),所产生的干涉圆环不重叠。若被研究的谱线波长差大于自由光谱范围,两套花纹之间就要发生重叠或错级,给分析辨认带来困难。因此,在使用标准具时,应根据被研究对象的光谱波长范围来确定间隔圈的厚度。

2)分辨本领

定义 $\frac{\lambda}{\Delta\lambda}$ 为光谱仪的分辨本领,对于 F-P 标准具,分辨本领

$$\frac{\lambda}{\Delta\lambda} = KN \tag{2.5.13}$$

K 为干涉级数,N 为精细度,它的物理意义是相邻两个干涉级之间能够分辨的最大条纹数。N 依赖于平板内表面反射膜的反射率 R

$$N = \frac{\pi\sqrt{R}}{1-R} \tag{2.5.14}$$

反射率越高,精细度越高,仪器能够分辨的条纹数就越多。为了获得高分辨率,R 一般在 90% 左右。使用标准具时,光近似于正入射,$\sin\theta \approx 0$,可得 $K = \frac{2d}{\lambda}$。将 K 与 N 代入式(2.5.13),得

$$\frac{\lambda}{\Delta\lambda} = KN = \frac{2d\pi\sqrt{R}}{\lambda(1-R)} \tag{2.5.15}$$

例如,对于 $d = 5$ mm,$R = 90\%$ 的标准具,若入射光 $\lambda = 500$ nm,可得仪器分辨本领 $\frac{\lambda}{\Delta\lambda} = 6 \times 10^5$,$\Delta\lambda \approx 0.001$ nm。可见,F-P 标准具是一种分辨本领很高的光谱仪器。正因为如此,它才能被用来研究单个谱线的精细结构。当然,实际上由于 F-P 板内表面加工精度有一定的误差,加上反射膜层的不均匀以及有散射耗损等因素,仪器的实际分辨本领要比理论值低。

(2)测量塞曼分裂谱线波长差的方法

应用 F-P 标准具测量各分裂谱线的波长或波长差是通过测量干涉环的直径来实现的,如图 2.5.2 所示,用透镜把 F-P 标准具的干涉圆环成像在焦平面上。出射角为 θ 的圆环的直径 D 与

透镜焦距 f 间的关系为:$\tan \theta = \dfrac{D/2}{f}$。对于近中心的圆环,$\theta$ 很小,可认为 $\theta \approx \sin \theta \approx \tan \theta$,而

$$\cos \theta = 1 - 2 \sin^2 \frac{\theta}{2} \approx 1 - \frac{\theta^2}{2} = 1 - \frac{D^2}{8f^2}$$

代入式(2.5.11)得

$$2d \cos \theta = 2d\left(1 - \frac{D^2}{8f^2}\right) = K\lambda \qquad (2.5.16)$$

由上式可推得,同一波长 λ 相邻两级 K 和 $(K-1)$ 级圆环直径的平方差

$$\Delta D^2 = D_{K-1}^2 - D_K^2 = \frac{4f^2\lambda}{D} \qquad (2.5.17)$$

可见 ΔD^2 是与干涉级次无关的常数。设波长 λ_a 和 λ_b 的第 K 级干涉圆环的直径分别为 D_a 和 D_b,由式(2.5.17)得

$$\lambda_a - \lambda_b = \frac{d}{4f^2 K}(D_b^2 - D_a^2) = \left(\frac{D_b^2 - D_a^2}{D_{K-1}^2 - D_K^2}\right)\frac{\lambda}{K}$$

将 $K = \dfrac{2d}{\lambda}$ 代入,得波长差

$$\Delta\lambda = \frac{\lambda^2}{2d}\left(\frac{D_b^2 - D_a^2}{D_{K-1}^2 - D_K^2}\right) \qquad (2.5.18)$$

波数差

$$\Delta\sigma = \frac{1}{2d}\left(\frac{D_b^2 - D_a^2}{D_{K-1}^2 - D_K^2}\right) \qquad (2.5.19)$$

测量时用 $(K-2)$ 或 $(K-3)$ 级圆环。由于标准具间隔厚度 d 比波长 λ 大得多,中心处圆环的干涉级数 K 是很大的,因此用 $(K-2)$ 或 $(K-3)$ 代替 K,引入的误差可忽略不计。

用塞曼分裂计算荷质比 $\dfrac{e}{m}$,对于正常塞曼效应,分裂的波数差为 $\Delta\sigma = L = \dfrac{eB}{4\pi mc}$,代入测量波数差公式(2.5.19),得

$$\frac{e}{m} = \frac{2\pi c}{dB}\left(\frac{D_b^2 - D_a^2}{D_{K-1}^2 - D_K^2}\right) \qquad (2.5.20)$$

已知 d 和 B,从塞曼分裂的照片测出各环直径,就可计算 e/m。

对于反常塞曼效应,分裂后相邻谱线的波数差是洛伦兹单位 L 的某一倍数,注意到这一点,用同样的方法也可计算电子荷质比。

2.5.5　预习与思考题

①如何鉴别 F-P 标准具的两反射面是否严格平行,如果发现不平行,应该如何调节? 例如,当眼睛向某方向移动,观察到干涉纹从中心冒出来,应如何调节?

②已知标准具间隔圈厚度 $d = 5$ mm,该标准具的自由光谱范围是多大? 根据标准具自由光谱范围及 546.1 nm 谱线在磁场中的分裂情况,对磁感应强度 B 有何要求? 若磁感应强度 B 达到 0.62 T,分裂谱线中哪几条将会发生重叠?

③沿着磁场方向观察,$\Delta M = +1$ 和 $\Delta M = -1$ 的跃迁各产生哪种圆偏振光? 试用实验现象说明。

2.6 光电效应和普朗克常数测定

【背景简介】

普朗克常数公认值为 $h = 6.62919 \times 10^{-34} \text{JS}$，是自然界中一个很重要的普适常数，它可以用光电效应法简单而又较准确地求出，所以，进行光电效应实验并通过实验求取普朗克常数有助于学生理解量子理论和更好地认识 h 这个普适常数。1887 年，H. 赫兹在验证电磁波存在时意外发现，一束光入射到金属表面，会有电子从金属表面溢出，这个物理现象被称为光电效应。1888 年以后，W. 哈耳瓦克斯，A. T. 斯托列托夫. P. 勒纳德等人对光电效应作了长时间的研究，并总结出了光电效应的基本实验事实：

①光电发射率与光强成正比，如图 2.6.1(a)、(b)所示。

②光电效应存在一个阈频率(或称截止频率)，当入射光的频率低于某一阈值 υ 时，不论光的强度如何，都没有电子产生，如图 2.6.1(c)所示。

③光电子的动能与光强无关，但与入射的频率成正比，如图 2.6.1(d)所示。

④光电效应是瞬时效应，一经光线照射，立刻产生光电子。

麦克斯韦的经典理论无法对上述实验事实作出完整的解释。

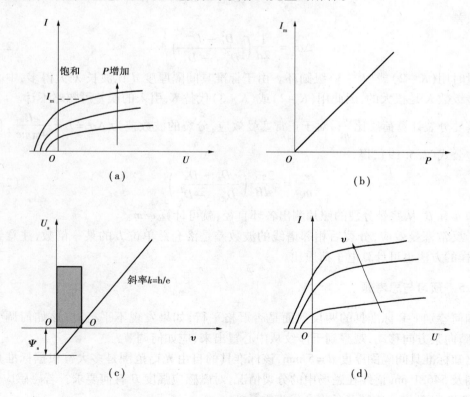

图 2.6.1　关于光电效应的几个特性

1905 年,爱因斯坦大胆地把 1900 年普朗克在进行黑体辐射研究过程中提出的辐射能量不连续观点应用于光辐射,提出"光量子"概念,从而给光电效应以正确的理论解释。

对于爱因斯坦的假设,许多学者(诸如剑桥大学的 A. 体斯,普林斯顿大学的 Q. 理查逊,K. T. 康普顿等)都做了许多工作,企图验证爱因斯坦的正确性。然而卓有成效的工作应该属于芝加哥大学莱尔逊实验室研究的 R. A. 密立根,他从 1905 年爱因斯坦的论文问世后即对光电效应开展全面、详尽的实验研究,经过十年艰苦卓越的工作。1916 年,密里根发表了详细的论文,证实了爱因斯坦方程的正确,并精确测出了普朗克常数 h = 6.56 × 10^{-27} crg. scc. 。它与普朗克按绝对黑体辐射律中的常数计算完全一致。

A. 爱因斯坦和 R. A. 密立根都因光电效应等方面的贡献,分别于 1921 年和 1923 年获得了诺贝尔奖金。

2.6.1　实验目的

①通过实验了解光的量子性。
②测量光电管的弱电流特性,找出不同光频率下的截止电压。
③验证爱因斯坦方程,并由此求出普朗克常数。

2.6.2　实验原理

爱因斯坦认为光不是按麦克斯韦电磁学说指出的那样以连续分布的形式把能量传播到空间,而是频率为 υ 的光以 $h\upsilon$ 为能量单位(光量子)的形式一份一份地向外辐射。至于光电效应,是具有能量为 $h\upsilon$ 的一个光子作用于金属中的一个自由电子,并把它的全部能量交给这个电子造成的。如果电子脱离金属表面耗费的能量为 W_s 的话,则由光电效应打出速度 v 的电子的动能为

$$E = h\upsilon - W_s, \text{ 或} \frac{1}{2}mv^2 = h\upsilon - W_s \tag{2.6.1}$$

式中　h——普朗克常数,公认值为 6.629 16 × 10^{-34} J. scc;

　　　　υ——入射光的频率;

　　　　m——电子的质量;

　　　　v——光电子逸出金属表面时的初速度;

　　　　W_s——受电子照射的金属的逸出功(或功函数)。

在式(2.6.1)中,$\frac{1}{2}mv^2$ 是没有受到电荷阻止,从金属中逸出电子的最大初动能。由式(2.6.1)可见,入射到金属表面的光频率越高,逸出电子的最大初动能必然也越大,如图2.6.1(d)所示。正因为光电子具有很大初动能,所以即使阳极不加电压也会有光电子落入而形成电流,甚至阳极相对于阴极的电位低时也会有光电子落到阳极,直到阳极电位低于某一个数值时,光电子都不能到达阳极,光电流为零,如图 2.6.1(a)所示。这个相对于阴极为负值的阳极电位 U_s 被称为光电效应的截止电位(或截止电压)。

显然,此时有

$$eU_s = \frac{1}{2}mv^2 \tag{2.6.2}$$

代入式(2.6.1),即有

$$eU_s = h\upsilon - W_s \tag{2.6.3}$$

由于金属材料的溢出功 W_s 是金属的固有属性,对于给定的金属材料 W_s 是一定值,它与入射光的频率无关,令 $W_s = h\upsilon_0$, υ_0 为频率,即具有频率 υ_0 的光子恰恰具有溢出功 W_s,而没有多余的动能,将式(2.6.3)改写为

$$U_s = \frac{h\upsilon}{e} - \frac{W_s}{e} = \frac{h(\upsilon - \upsilon_0)}{e} \tag{2.6.4}$$

式(2.6.4)表明,截止电压 U_s 是入射光频率 υ 的线性函数。当入射光的频率 $\upsilon = \upsilon_0$ 时,截止电压 $U_s = 0$ 时,没有光电子释放出,如图 2.6.1(c)所示。上式的斜率 $k = h/e$ 是一个正常数

$$h = ek \tag{2.6.5}$$

可见,只要用实验方法作出不同频率下的 u_s—υ 曲线,并求出本曲线的斜率 k,就可以通过式(2.6.5)求出普朗克常数 h 的数值。其中,$e = 1.60 \times 10^{-19}$C,是电子电荷量。

图 2.6.2 是用光电管进行光电效应实验,测量普朗克常数的实验原理图。

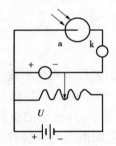 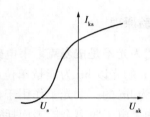

图 2.6.2　实验原理图　　　　　图 2.6.3　光电管的超始 I—V 特性

频率为 υ,强度为 P 的光线照射到光电管阴极上,即有光电子从阴极溢出,如图所示在阴极 k 和阳极 a 之间加有反向电压 U_{ka},它使电极 k、a 之间建立起的电场对光电阴极溢出的光电子起减速的作用。随着电位 U_{ka} 的增加,到达阳极的光电子(光电流)将逐渐减小。

当 $U_{ka} = U_s$ 时电流降为零,光电管的起始 I—V 特性如图 2.6.3 所示。不同频率光照射,可以得到与之相对应的 I—V 特性曲线和对应的 U_s 电压值。在直角坐标系中作出 U_s—υ 关系曲线,如果它是一根直线,就证明了爱因斯坦光电效应方程的正确性。而由该直线的斜率 k 则可求出普朗克常数(h $= ek$)。另外,由该直线与坐标横轴的交点可求出该光电阴极的截止频率(υ_0),该直线的延线与坐标纵轴的交点又可求出光电阴极的溢出电位 Φ_s,如图 2.6.4(a)所示。

必须指出,爱因斯坦方程是在同金属做发射(阴极)和接收体(阳极)的情况下导出的。在用光电管进行光电效应实验测量普朗克常数时,应该考虑接触电位带来的影响。

我们知道,两种金属接触的地方存在"接触电位差"。接触电位差的大小与这些金属的溢出功有关。光电管大都用溢出功大的做阳极,用溢出功小的做阴极。将光电管的电路改画成图 2.6.2 之后可以看出,光电管两电极间的电位 U_{ka} 跟两电极之间的溢出电位 Φ_a、Φ_k 及外加电压 U'_{ka} 之间有下列的关系:

$$U_{ka} = U'_{ka} + \Phi_a - \Phi_k$$

在截止电压情况下

$$U_s = U_s' + \Phi_a - \Phi_k$$

代入式(2.6.3),得

$$U_s' = \frac{h\nu}{e} - \Phi_a$$

反应到 I—V 特性曲线上是电流作了 Φ_{ak} 平移,如图 2.6.4(a)所示;而在 U_s—ν 关系曲线中,则是频率轴作了 Φ_{ak} 的平移,如图 2.6.4(b)所示。U_s'—ν 特性曲线与 U_s 轴的交点 Φ_s 代表的不是阴极溢出电位 Φ_{sk}。所以,欲知阴极溢出电位 Φ_{sk} 和截止频率 ν_{ok},必须先清楚两极之间的接触 U_s 电位差 Φ_{ak}。

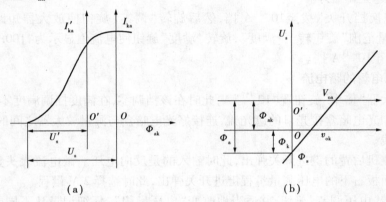

图 2.6.4 光电管极间接触电位差的影响

在用工业光电管来进行此项实验时,由于制作工艺等原因,阳极均沾染了阴极材料,并且无法去除,此时可认为 $\Phi_k = \Phi_a$,并且有 $U_s = U_s'$,U_s—ν 曲线与纵、横坐标轴的交点可以认为是阴极材料的溢出电位 Φ_{sk} 和截止频率 ν_{ok}。

GD-27 型光电管:阳极为镍圈,阴极为银-氧-钾(Ag-O-K),光谱响应范围为 3 400 ~ 7 000 Å($1\overset{\circ}{A} = 10^{-10}$m),光窗为无铅多硼硅玻璃,最高灵敏波长(4 100 ± 100)Å,阴极光灵敏度约 1 μA/lm,暗电流很小,几乎为 0。为了避免杂散光和外界电磁场对微弱光电流的干扰,光电管安装暗盒中,暗盒窗口可以安放 Φ5 mm 的光阑和 Φ36 mm 的各种带通滤光片。

光源采用 50 W 高压汞灯,在 3 032 ~ 8 720 Å 的谱线范围内有 3 650 Å,4 047 Å,4 358 Å,4 916 Å,5 461 Å,5 770 Å 等谱线可供实验使用。

滤光片是一组外径为 Φ36 mm 的宽带通型有色玻璃组合滤色片,它具有滤选 3 650 Å,4 047 Å,4 358 Å,5 461 Å,5 770 Å 等谱线的能力。

PE-Ⅱ型微电流测量放大器:电流测量范围为 $10^{-6} - 10^{-13}$A,分六挡十进变换,机内设有稳定度小于1%,精密连续可调的光电管工作电源,电压量程分(0 ~ ±2)V,(0 ~ ±24)V 两挡,读数精度为 0.01 V,测量放大器可以连续工作 8 h 以上。

2.6.3 实验仪器

PE-Ⅲ普郎克常数测定仪(光电管,高压汞灯,滤色片,微电流测量放大器)。

2.6.4 实验内容及步骤

（1）测试前的准备

①认真阅读 PE-Ⅱ型普朗克常数测定仪使用说明书中的使用方法和注意事项部分。

②安放好仪器，用遮光罩罩住光电管暗盒的光窗，插上电源预热 20～30 min，然后调整测量放大器的零点和满度。

（2）调整

①将测量范围旋钮调到"短路"，除去光电暗盒上遮光孔罩，使汞灯照在光电管阳极圈中央部位，然后将遮光盖盖好。

②把"电流换挡开关"拨至 10^{-11} A 挡，然后旋转"调零"旋钮使放大器短路电流显示为"00.0"，将"测量范围"旋钮转至"满度"，旋转"满度"旋钮使电流值显示为"100.00"，再把"电流换挡开关"拨至 10^{-11} A 挡。

（3）测量光电管的暗电流

①测量放大器"倍率"旋钮置"10^{-11}"A，此时在该挡调零，在满度挡调满度零 100。盖上高压汞灯出光口和光电暗盒接光口的遮光盖，连接好光电暗盒与测量放大器之间的屏蔽电缆、地线和阴极电源线。

②将仪器主机后背的键进开关弹出，此时输入的是反向电压。微电流表头显示的读数为暗电流。将主面板右下的电压测量量程键进开关弹出，此时选择 2 V 量程。

③缓慢旋转"电压调节"旋钮，并适当地改变"电压量程"，仔细记录从不同电压读得的光电管的暗电流（注：暗电流很小，在不同的电流挡分别按照以上步骤测量）。

（4）测量光电管的 I—V 特性

①让光的出射孔对准暗盒窗口，并使暗盒离开光 30～45 cm，在测量放大器"倍率"置 10^{-11} 挡，分别调零调满度后，换上滤光片，取去遮光罩；"电压调节"从 0 V 调起，缓慢增加，先观察一遍不同滤色片下的电流变化情况，记下电流明显变化的电压值以便精测。

②在粗测的基础上进行精测记录，从短波长滤色片起小心地逐次换上滤色片，仔细读出不同频率的入射光照射下的光电流，并记录在表 2.6.1 中（在电流开始变化的地方多读几个值）。

③盖上遮光盖，换上滤色片读出微电流数值。此数值为本底电流，记录下来设为 I_0，打开遮光盖，此时电流值为光电流，"电压调节"从 0 V 调起，缓慢增加，直到电流表数值为 I_0，此时电压表读数为截止电压 U_s，分别换上不同的滤色片，并将截止电压 U_s 记录在表 2.6.2 中。

④把不同频率下的截止电压描绘在方格纸上，如果光电效应遵从爱因斯坦方程，则 $U_s = f(v)$ 关系曲线应该是一条直线，求出直线的斜率：$K = \Delta u / \Delta \nu$，代入式（2.6.5）求出普朗克常数 $h = ek = \dfrac{e(U_{si} - U_{sj})}{\nu_i - \nu_j}$，$i$、$j$ 分别为第 i、j 个滤色片，并算出所测值与公认值之间的误差。

改变光源与暗盒的距离 L 或光阑孔 Φ，重做上述实验。

本光电管阴极是平面电极，阳极采用环状结构，其阴极电流上升很快，反向电流较小，特性曲线与横轴的交点可近似当作遏止电压，这种方法称为"交点法"。表 2.6.1、表 2.6.2 为实验数据记录所需表格。

表 2.6.1　测量不同频率的光电压与电流的关系

距离 $L=$ 　　　cm　　　　　　　光阑孔 $\Phi=$ 　　　mm

365 nm	$U_{ka}(V)$					
	1 ka($\times 10^{-11}$A)					
405 nm	$U_{ka}(V)$					
	1 ka($\times 10^{-11}$A)					
436 nm	$U_{ka}(V)$					
	1 ka($\times 10^{-11}$A)					
546 nm	$U_{ka}(V)$					
	1 ka($\times 10^{-11}$A)					
577 nm	$U_{ka}(V)$					
	1 ka($\times 10^{-11}$A)					

表 2.6.2　测量不同频率的光截止电压

距离 $L=$ 　　　cm　　　　　　　光阑孔 $\Phi=$ 　　　mm

波长/nm	365	405	436	546	577	$h \times 10^{-34}$js	$\delta/\%$
频率/($\times 10^{-14}$Hz)	8.22	7.41	6.88	5.49	5.20		
U_s/V							

2.6.5　注意事项

①应注意不能使光照在光电管阳极上。

②测试时,如遇环境湿度较大,应将光电管和微电流放大器进行干燥处理,以减少漏电流的影响。

③测定截止电压时,先把汞灯遮光罩盖上,换上滤色片,电压为 0 V 时的电流值为 I_0,再调节电压电位器,调节应平衡、缓慢,并以光电流为 I_0 时反向电压的最小值为该波长的截止电压。因为存在光电管本底电流、暗电流,所以在电流挡测试时,慢慢调节加速电压,应使光电流显示为 I_0,此时所显示的电压值即为该单色光照射时的截止电压 U_0。

④每次实验结束时,应将电压调节电位器调至最小,平时应将光电管保存在干燥暗箱内,实验时也应尽量减少光照,实验后用遮光盖将进光孔盖住。

⑤对精密仪器应注意防震、防尘、防潮。

2.6.6　预习与思考

本实验中的实测电流由哪几部分组成?请查阅资料分析各部分电流对实测电流的影响。

2.7　电子荷质比的测定

【背景简介】

带电粒子的电量与质量的比值叫荷质比,是带电微观粒子的基本参量之一。荷质比的测定在近代物理学的发展中具有重大的意义,是研究物质结构的基础。测定荷质比的方法很多,汤姆逊所用的是磁偏转法,而本实验采用磁聚焦法。

1897 年,J. J. 汤姆孙通过电磁偏转的方法测量了阴极射线粒子的荷质比,它比电解中的单价氢离子的荷质比约大 2 000 倍,从而发现了比氢原子更小的组成原子的物质单元,定名为电子。精确测量电子荷质比的值为 $1.758\ 819\ 62 \times 10^{11}\ \text{C/kg}$,根据测定电子的电荷,可确定电子的质量。20 世纪初,W. 考夫曼用电磁偏转法测量 β 射线的荷质比,发现 e/m 随速度增大而减小。这是电荷不变质量随速度增加而增大的表现,与狭义相对论质速关系一致,是狭义相对论实验基础之一。

2.7.1　实验目的

①加深电子在电场和磁场中运动规律的理解。
②了解电子射线束磁聚焦的基本原理。
③学习用磁聚焦法测定电子荷质比 e/m 的值。

2.7.2　实验原理

电子在均匀磁场中运动时,受到的洛伦兹力为:$f = ev \times B$。式中,v 是电子运动速度的大小,B 是均匀磁场中磁感应强度的大小。当电子运动方向与磁场方向斜交时,电子做螺旋运动,如图 2.7.1 所示。

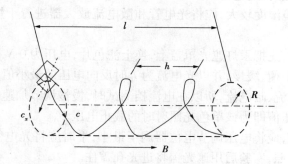

图 2.7.1　电子在均匀磁场中的运动

圆轨道的半径为:

$$R_{\perp} = \frac{v_{\perp}}{\dfrac{e}{m}B} \tag{2.7.1}$$

周期为：

$$T_{\perp} = \frac{2\pi}{\dfrac{e}{m}B} \qquad (2.7.2)$$

螺距为：

$$h = v_{\parallel}T_{\perp} = \frac{2\pi v_{\parallel}}{\dfrac{e}{m}B} \qquad (2.7.3)$$

当磁场一定时，同一时刻电子流中沿螺旋轨道运动的电子，垂直于磁场方向的周期和螺距相同。这说明，从同一点出发的所有电子，经过相同的周期后，都将会聚于距离出发点为 h，$2h$，…处。这就是用纵向磁场使电子束聚焦的原理。

将示波管安装在长直螺线管内部，两管中心轴重合。示波管灯丝通电加热后，阴极发射的电子经加在阴阳极之间直流高压 U 的作用，从阳极小孔射出时可获得一个与管轴平行的速度 v_1：

$$\frac{1}{2}mv_1^2 = eU \qquad (2.7.4)$$

在一个通电螺线管内平行地放置一示波管，沿示波管轴线方向有一均匀分布的磁场，其磁感应强度为 B。在示波管的热阴极 k 及阳极 a 之间加有直流高压 V，经阳极小孔射出的细电子束流将沿轴线作匀速直线运动。电子运动方向与磁场平行，故磁场对电子运动不产生影响。电子流的轴向速率为：

$$v_1 = \sqrt{\frac{2eU}{m}} \qquad (2.7.5)$$

在 Y 偏转板上加一交变电压，则电子束在通过该偏转板时获得一个垂直于轴向的速度 v_2。所以，通过偏转板的电子，既具有与管轴平行的速度 v_1，又具有垂直于管轴的速度 v_2，这时若给螺线管通以励磁电流，使其内部产生磁场，则电子将在该磁场作用下作螺旋运动。这里 v_1 就相当于 $v_{\parallel}$，v_2 相当于 $v_{\perp}$。因此有：

$$\frac{e}{m} = \frac{8\pi^2 U}{h^2 B^2} \qquad (2.7.6)$$

螺线管中磁场的计算公式为：

$$B = \frac{\mu_0 N I}{\sqrt{D^2 + L^2}} \qquad (2.7.7)$$

代入式(2.7.6)，可得：

$$\frac{e}{m} = \frac{8\pi^2 (D^2 + L^2)}{(\mu_0 N h)^2} \frac{U}{I^2} = k\frac{U}{I^2} \qquad (2.7.8)$$

式中　$k = (D^2 + L^2) \times 10^{14}/(2 L_0^2 N^2)$ ——该台仪器常数；

　　　D——螺线管线圈平均直径，$D = 0.084\ 62$ m；

　　　L——螺线管线圈长度，$L = 0.233$ m；

　　　N——螺线管线圈匝数，$N = 1\ 200$T；

h——电子束从栅极 G 交叉点至荧光屏的距离,即电子束在均匀磁场中聚焦的焦距,

$h = 0.199$ m;

I——光斑进行 3 次聚焦时对应的励磁电流的平均值。

保持 U 不变,光斑第一次聚焦的励磁电流为 I_1,则第 2 次聚焦的电流 $I_2 = 2I_1$。磁感应强度 B 增加一倍,电子在管内绕 Z 轴转两周,同理,第 3 次聚焦的电流为 $I_3 = 3I_1$,所以

$$I = \frac{I_1 + I_2 + I_3}{1 + 2 + 3}$$

改变 U 值,重新测量,实验时要求 U 分别取 3 个不同值,每个 U 值实现 3 次聚焦,测出 e/m,求出平均值,并与公认值 $e/m = 1.758\ 819\ 62 \times 10^{11}$ C/kg 比较,求出百分误差。

2.7.3 实验仪器

长直螺线管,阴极射线示波管,电子荷质比测定仪电源,直流稳压电源,直流电流表 $(0 \sim 3$ A$)$。

2.7.4 实验内容及步骤

(1)测试前准备

调节亮度旋钮(即调节栅压相对于阴极的负电压),聚焦钮(即调节第一阳极电压,以改变电子透镜的焦距,达到聚焦的目的)和加速电压旋钮,观察各旋钮的作用。实验中必须注意,亮点的亮度切勿过亮,以免烧坏荧光屏。观察栅极相对于阴极的负电压对亮度的影响,并说明原因。

(2)测荷质比

①将电流源的输出端与荷质比测定仪后面的两接线柱连接起来(此电流即为提供螺线管的励磁电流)。

②调节加速电压旋钮,以改变加速电压约为 1 000 V(也可为建议的其他值),聚焦电压旋钮逆时针旋到底,栅压旋钮旋到适中位置(此时电子束交叉点发散的电子在荧光屏上形成一光斑)。

③调节励磁电流 I,观察聚焦现象,继续加大励磁电流 I 以加大螺线管磁场 B,这时将观察到第 2 次聚焦,第 3 次聚焦等,分别记录 3 次聚焦的电流值,并代入式(2.7.6)计算出 e/m。

④将螺线管磁场的方向反向(即改变励磁电流的方向),再做一次,按要求测定各项数据,计算出电子荷质比的平均值。

2.7.5 注意事项

①仪器使用时,周围应无其他强磁场及铁磁物质;仪器应南北方向放置,以减小地磁场对测试精度的影响。

②螺线管不要长时间通以大电流,以免线圈过热。

③改变加速电压后,亮点的亮度会改变,应重新调节亮度,勿使亮点过亮,一则容易损坏荧光屏,同时亮点过亮,聚焦好坏也不易判断;调节亮度后,加速电压值也可能有了变化,再调到

规定的电压值即可。表 2.7.1 为实验数据记录所需表格。

表 2.7.1　电流与电压关系测量数据

	电　压	电　流								平　均
正向		I_1								
		I_2								
		I_3								

$I = $　　　　　　　$e/m = $

	电　压	电　流								平　均
正向		I_1								
		I_2								
		I_3								

$I = $　　　　　　　$e/m = $

	电　压	电　流								平　均
反向		I_1								
		I_2								
		I_3								

$I = $　　　　　　　$e/m = $

	电　压	电　流								平　均
反向		I_1								
		I_2								
		I_3								

$I = $　　　　　　　$e/m = $

平均值 $e/m = $　　　　　　相对误差 $= $

2.7.6　预习与思考

①在测量时,为什么要将螺线管的电流反向?
②在各次聚焦过程中,荧光屏上的亮线如何变化? 为什么?

2.8　核衰变的统计规律

【背景简介】

核衰变(nuclear decay)是原子核自发射出某种粒子而变为另一种核的过程,是认识原子核的重要途径之一。1896 年,法国科学家 A. H. 贝可勒尔研究含铀矿物质的荧光现象时,偶然发现铀盐能放射出穿透力很强可使照相底片感光的不可见射线,这就是衰变产生的射线。除了天然存在的放射性核素以外,还存在大量人工制造的其他放射性核素。放射性的类型除了放射 α、β、γ 粒子以外,还有放射正电子、质子、中子、中微子等粒子以及自发裂变、β 缓发粒子等。

2.8.1 实验目的

①了解并验证原子核衰变及放射性计数的统计性。
②了解统计误差的意义,掌握计算统计误差的方法。
③学习检验测量数据的分布类型的方法。

2.8.2 实验原理

在做重复的放射性测量中,测量结果具有偶然性,或者说随机性。即使保持完全相同的实验条件,每次的测量结果并不完全相同,而是围绕其平均值上下涨落,有时甚至有很大的差别。物理测量的随机性产生原因不仅在于测量时的偶然误差,更是物理现象(当然包括放射性核衰变)本身的随机性质和物理量的实际数值时刻围绕着平均值发生微小起伏。另一方面,在微观现象领域,特别是在高能物理实验中,物理现象本身的统计性更为突出,我们正是要通过研究其统计分布规律从而找出在随机数据中包含的规律性。

放射性原子核衰变数的统计分布可以根据数理统计分布的理论来推导。放射性原子核衰变的过程是一个相互独立、彼此无关的过程。每一个原子核的衰变是完全独立的,与其他原子核是否衰变无关,因此放射性原子核衰变的测量计数可以看成是一种伯努里试验问题。在 N_0 个原子核的体系中,单位时间内对于每个原子核来说只有两种可能:A 类是原子核发生衰变,B 类是没有发生核衰变。

若放射性原子核的衰变常数为 λ,设 A 类的概率为 $p = (1 - e^{-u})$,其中 $(1 - e^{-u})$ 为原子核发生衰变的概率;B 类的概率为 $q = 1 - p = e^{-u}$。

由二项式分布可以知道,在 t 时间内的核衰变数 n 为一随机变量,其概率 $p(n)$ 为

$$p(n) = \frac{N_n!}{(N_n - n)!N!} p^n (1 - p)^{N_n - n} \qquad (2.8.1)$$

在 t 时间内,衰变粒子数为:$m = N_0 p = N_0(1 - e^{-u})$,对应方根差为 $\sigma = \sqrt{N_0 pq} = \sqrt{m(1 - p)}$。假如 $\lambda t \ll 1$,即时间 t 远比半衰期小,这时 q 接近于 1,则 σ 可简化为 $\sigma = \sqrt{m}$。

在放射性衰变中,原子核数目 N_0 很大而 p 相对而言很小,且如果满足 $\lambda t \ll 1$,则二项式分布可以简化为泊松分布。因为此时 $m = N_0 p \ll N_0$,对于在 m 附近的 N 值可得到:$\frac{N_n!}{(N_n - n)!} = N_n(N_n - 1)(N_n - 2)\cdots(N_n - n + 1) \approx N_n^n$,$(1 - p)^{N_n - n} \approx (e^{-p})^{N_n - n} = e^{-pN_n}$。

代入式(2.8.1)并注意到 $m = N_0 p$,就得到

$$p(N) = \frac{N_n^n}{N!} p^n e^{-pN_n} = \frac{m^n}{N!} e^{-m} \qquad (2.8.2)$$

即为泊松分布。可以证明,服从泊松分布的随机变量的期望值和方差分别为:$E(x) = m$,$\sigma^3 = m$。在核衰变测量中常数 $m = N_0 p$ 的意义是明确的:单位时间内,N_0 个原子核发生衰变概率 p 为 m/N_0,因此 m 是单位时间内衰变的粒子数。

现在讨论泊松分布中 N_0 很大从而使 m 具有较大数值的极限情况。在 n 较大时,$n!$ 可以

写成 $N! = \sqrt{2\pi m}n^n e^{-n}$，代入式(2.8.2)，并记 $\Delta = n - m$，则有：

$$p(n) = \frac{m^n}{n!}e^{-m} \approx \frac{1}{\sqrt{2\pi m}}\left(\frac{m}{n}\right)^{n+1/2}e^{n-m} = \frac{e^{\Delta}}{\sqrt{2\pi m}}\frac{1}{(1+\Delta/m)^{m+\Delta+1/2}} \quad (2.8.3)$$

经过一系列数学处理，可以得到 $(1+\Delta/m)^{m+\Delta+1/2} \approx e^{\Delta+\frac{\Delta^2}{2m}}$。所以有：

$$p(N) = \frac{1}{\sqrt{2\pi m}}e^{\frac{\Delta^2}{2m}} = \frac{1}{\sqrt{2\pi m}}\exp\left[-\frac{(n-m)^2}{2\sigma^2}\right] \quad (2.8.4)$$

式中，$\sigma^3 = m$。即当 N 很大时，原子核衰变数趋向于正态分布，且可以证明 σ^3 和 m 就是高斯（正态）分布的方差和期望值。

上面讨论原子核衰变的统计现象，下面分析在放射性测量中计数值的统计分布。可以证明，原子核衰变的统计过程服从的泊松分布和正态分布也适用于计数的统计分布，只需将分布公式中的放射性核衰变数 n 换成计数 N，将衰变掉粒子的平均数 m 换成计数的平均值 M 就可以了。

$$p(N) = \frac{M^M}{N!}e^{-M} \quad (2.8.5)$$

$$p(N) = \frac{1}{\sqrt{2\pi}\sigma}\exp\left[-\frac{(n-m)^3}{2\sigma^3}\right] \quad (2.8.6)$$

对于有限次的重复测量，例如测量次数为 A，则标准偏差 S_x 为：

$$S_x = \sqrt{\frac{\sum_{t-1}^{A}(N_t - \overline{N})^2}{A-1}} \quad (2.8.7)$$

其中，$\overline{N} = M = \frac{1}{A}\sum_{t-1}^{A}N_t$，为测量计数的平均值。可以证明 $\overline{N}$ 为正态分布期望值的无偏估计，S_x 为正态分布方差的渐进无偏估计(即当 $N\to\infty$，$S_n\to\sigma^3$)。

当 A 足够大时，$\sigma = S_x = \sqrt{M}$，即 $\sigma^3 = M$。当 M 值较大时，σ^3 也可用某一次计数值 N 来近似，即 $\sigma^3 = N$，$\sigma \approx \sqrt{N}$。

由于核衰变的统计性，在相同条件下作重复测量时，每次测量结果并不完全相同，围绕着平均计数值 M 有一个涨落，其大小可以用均方根差 σ 来表示。

众所周知，正态分布决定于平均值 M 及方差 σ 这两个参数，它对称于 $\overline{N} = N$。对于 $\overline{N} = 0$，$\sigma = 1$ 则称为标准正态分布：

$$n(z,0,1) = \frac{1}{\sqrt{2\pi}}e^{-\frac{z^2}{2}} \quad (2.8.8)$$

正态分布数值表都是对应于标准正态分布的。

如果对某一放射源进行多次重复测量，得到一组数据，其平均值为 $\overline{N}$，那么计数值 N 落在 $\overline{N} \pm \sigma$(即 $\overline{N} \pm \sqrt{N}$)范围内的概率为：

$$\int_{N-\sigma}^{N+\sigma}p(N)\mathrm{d}N = \int_{\overline{N}-\sqrt{N}}^{\overline{N}+\sqrt{N}}\frac{1}{\sqrt{2\pi}}e^{-\frac{(N-\overline{N})^3}{2\pi^3}}\mathrm{d}N \quad (2.8.9)$$

用变量 $z = \frac{N-\overline{N}}{\sigma}$ 来代换为标准正态分布并查表，上式即为：

$$\int_{-1}^{1} \frac{1}{\sqrt{2\pi}} e^{-\frac{z^2}{2}} dz = 0.683 \qquad (2.8.10)$$

这就是说,在某实验条件下对某次测量若计数值为 N_1,则可以认为 N_1 落在 $\overline{N} \pm \sigma$(即 $\overline{N} \pm \sqrt{N}$)范围内的概率为 68.3%,或者说在 $N_1 \pm \sqrt{N}$ 范围内包含真值的概率是 68.3%。在实际运算中,由于出现概率较大的计数值与平均值 $\overline{N}$ 的偏差不大,可以用 $\sqrt{N_1}$ 来代 $\sqrt{N}$;因此对于单次测量值 N_1,可以近似地在 $N_1 \pm \sqrt{N_1}$ 范围内包含真值的概率是 68.3%,这样一来,用单次测量值就大体上确定了真值的范围。

这种由于放射性衰变的统计性引起的误差称为统计误差。由于放射性统计涨落服从正态分布,所以用均方根偏差(也称标准误差)$\sigma \approx \sqrt{N}$ 来表示。当采用标准误差表示放射性的单次测量值 N_1 时,则可以表示为:$\overline{N} \pm 3\sigma = N_1 \pm \sqrt{N} \approx N_1 \pm \sqrt{N_1 x^2}$。

用数理统计的术语来说,将 68.3% 称为"置信概率"(或"置信度"),相应的"置信区间"为 $\overline{N} \pm \sigma$;同理可证"置信区间"为 $\overline{N} \pm 2\sigma$、$\overline{N} \pm 3\sigma$ 时的置信概率为 95.5%、99.7%。

放射性核衰变的测量计数是否符合正态分布或泊松分布或者其他的分布,是一个很重要的问题,牵涉对随机变量的概率密度函数的假设检验问题。简单地判断实验装置是否存在除统计误差外的偶然误差因素,可以计算平均值与子样方差,比较两者的偏离程度即可。而放射性衰变是否符合于正态分布或泊松分布,可由一组数据的频率直方图与理论正态分布或泊松分布比较得到一个感性认识。而 x^2 检验法是从数理统计意义上给出了比较精确的判别准则。它的基本思想是比较理论分布与实测数据分布之间的差异,然后根据概率意义上的反证法即小概率事件在一次实验中不会发生的基本原理来判断这种差别是否显著,从而接受或拒绝理论分布。

设对某一放射源进行重复测量得到了 A 个数值,对它们进行分组,序号用 i 表示,$i = 1, 2, 3, \cdots, m$。令:$x^2 = \sum_{i=1}^{m} \frac{(f_i - f_i')^2}{f_i'}$,其中 m 代表分组数,f_i 表示各组实际观测到的次数,f_i' 为根据理论分布计算得到的各组理论次数。理论次数可以从正态分布概率积分表上查出各区间的正态面积再乘以总次数得到。

可以证明 x^2 统计量服从 x^2 分布,其自由度为 $m - l - 1$,l 是指在计算理论次数时所用的参数个数,对于其具有的正态分布的自由度为 $m - 3$,泊松分布为 $m - 2$。与此同时,x^2 分布的期望值即为其自由度:$<x^2> = \nu = m - l - 1$。得到根据实测数据算出的统计量 x^2 后,比较的方法为先设定一个小概率 α,即显著水平,由 x^2 分布表找拒绝域的临界值。若计算量 x^2 落入拒绝域,则拒绝理论分布;反之则接受。

2.8.3　实验仪器

NaI(Tl)闪烁探测器;γ 放射源(^{137}Cs 或 ^{60}Co);高压电源、放大器和多道脉冲幅度分析器。

2.8.4　实验内容

(1)实验装置

实验装置如图 2.8.1 所示,包括 ^{137}Cs 放射源、NaI(Tl)闪烁探测器、多道脉冲幅度分析器

（含多道分析软件,其操作方法请阅读仪器使用说明书）、计算机等。

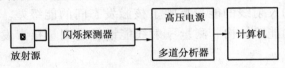

图 2.8.1　核衰变统计规律研究实验装置图

（2）实验步骤

①详细阅读说明书,熟悉仪器及软件的使用方法。

②采用定时（200 s）计数的方法,在 600 ~ 850 V 测绘坪曲线（用 137Cs 源）,以及本底计数率随电压变化的关系曲线,确定合适的工作电压。

③保持工作电压和线性放大器的放大倍数不变,对 137Cs 的 γ 能谱作 100 次测量,每次测量时间 20 s,记录每次测量的全谱计数植 N_i。

④计算测量列的平均值 $\overline{N}$ 和标准偏差 S_N,并以 $\overline{N}$ 为基准,$S_N/2$ 为组距,计算相应的实验组频率（组内数据个数与总测量次数比值）。然后,以 $\overline{N}$ 为纵坐标,S_N 为横坐标,绘制直方图,判断分布类型。

⑤在上述实验直方图中,绘制正态分布的理论直方图。理论组频率可表示为

$$P_t = \frac{1}{\sqrt{2\pi}}e^{-\frac{x^2}{2}},\text{其中},x = \frac{N_i - \overline{N}}{S_N}$$

⑥计算落在区间内的数据个数与总测量次数的比值,即频度,与 0.683 比较。

⑦对所测量数据进行检验。

2.8.5　注意事项

①仪器开机后,必须预热 30 min 左右。

②当工作指示灯亮时,切勿关闭仪器。

③软件系统的操作按说明书进行。

④领用和归还放射源必须做好登记。

2.8.6　预习与思考题

①什么是放射性核衰变的统计性? 它服从什么规律?

②σ 的物理意义是什么? 以单次测量值 N 来表示放射性测量值时,为什么是 $N \pm \sqrt{N}$? 其物理意义又是什么?

③为什么说以多次测量结果的平均值来表示放射性测量时,其精确度要比单次测量值高?

2.9　NaI(Tl) 闪烁谱仪测量 γ 射线的能谱

【背景简介】

根据原子核结构理论,原子核的能量状态是不连续的,存在分立能级。处在能量较高的激发态能级 E_2 上的核,当它跃迁到低能级 E_1 上时,就发射 γ 射线（即波长为 1 nm ~ 0.1 nm 的电

磁波）。放出 γ 射线的光量子能量 $h\nu = E_2 - E_1$，此处 h 为普朗克常数，ν 为 γ 光子的频率。由此看出原子核放出的 γ 射线的能量反映了核激发态间的能级差。因此测量 γ 射线的能量就可以了解原子核的能级结构。测量 γ 射线能谱就是测量核素发射的 γ 射线按能量的分布。

闪烁谱仪是利用某些荧光物质，在带电粒子作用下被激发或电离后，能发射荧光（称为闪烁）的现象来测量能谱。这种荧光物质常称为闪烁体。

2.9.1 实验目的

①学习用闪烁谱仪测量 γ 射线能谱的方法，要求掌握闪烁谱仪的工作原理和实验方法。

②学习谱仪的能量标定方法，并测量 γ 射线的能谱。

2.9.2 实验原理

(1)闪烁体的发光机制

闪烁体的种类很多，按其化学性质不同可分为无机晶体闪烁体和有机闪烁体。有机闪烁体包括有机晶体闪烁体、有机液体闪烁体和有机塑料闪烁体等。对于无机晶体 NaI(Tl) 而言，其发射光谱最强的波长是 415 nm 的蓝紫光，其强度反映了进入闪烁体内的带电粒子能量的大小。实验时应选择适当大小的闪烁体，可使这些光子一射出闪烁体就被探测到。

(2)γ 射线光子与物质原子相互作用的机制

主要有以下 3 种方式：

1）光电效应

当能量为 E_γ 的入射 γ 光子与物质中原子的束缚电子相互作用时，光子可以把全部能量连转移给某个束缚电子，使电子脱离原子束缚而发射出去，光子本身消失，发射出去的电子称为光电子，这种过程称为光电效应。发射出光电子的动能

$$E_e = E_r - B_i \tag{2.9.1}$$

B_i 为束缚电子所在壳层的结合能。原子内层电子脱离原子后留下空位形成激发原子，其外部壳层的电子会填补空位并放出特征 X 射线。例如 L 层电子跃迁到 K 层，放出该原子的 K 系特征 X 射线。

2）康普顿效应

γ 光子与自由静止的电子发生碰撞，而将一部分能量转移给电子，使电子成为反冲电子，γ 光子被散射改变了原来的能量和方向，计算给出反冲电子的动能为

$$E_e = \frac{E_r^2(1 - \cos\theta)}{m_0 c^2 + E_r(1 - \cos\theta)} = \frac{E_r}{1 + \dfrac{m_0 c^2}{E_r(1 - \cos\theta)}} \tag{2.9.2}$$

式中，$m_0 c^2$ 为电子静止质量，角度 θ 是 γ 光子的散射角，如图 2.9.1 所示。由图看出反冲电子以角度 φ 出射，φ 与 θ 间有以下关系：

$$\cot\varphi = \left(1 + \frac{E_r}{m_0 c^2}\right)\tan\frac{\theta}{2} \tag{2.9.3}$$

由式(2.9.2)给出，当 $\theta = 180°$ 时，反冲电子的动能 E_e 有最大值，此时

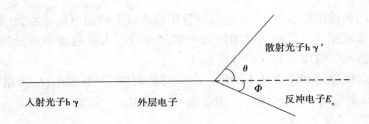

图 2.9.1 康普顿效应示意图

$$E_{max} = \frac{E_r}{1 + \dfrac{m_0 c^2}{2E_r}}$$ (2.9.4)

这说明康普顿效应的反冲电子的能量有一上限最大值,称为康普顿边界 E_c。

3) 电子对效应

当 γ 光子能量大于 $2m_0 c^2$ 时,γ 光子从原子核旁经过并受到核的库仑场作用,可能转化为一个正电子和一个负电子,称为电子对效应。此时光子能量可表示为两个电子的动能与静止能量之和,如

$$E_r = E_e^+ + E_e^- + 2m_0 c^2$$ (2.9.5)

其中,$2m_0 c^2 = 1.02$ MeV。

综上所述,γ 光子与物质相遇时,通过与物质原子发生光电效应、康普顿效应或电子对效应而损失能量,其结果是产生次级带电粒子,如光电子、反冲电子或正负电子对,次级带电粒子的能量与入射 γ 光子的能量直接相关。因此,可通过测量次级带电粒子的能量求得 γ 光子的能量。

闪烁 γ 能谱仪正是利用 γ 光子与闪烁体相互作用时产生次级带电粒子,进而由次级带电粒子引起闪烁体发射荧光光子,通过这些荧光光子的数目来推出次级带电粒子的能量,再推出 γ 光子的能量,以达到测量 γ 射线能谱的目的。

闪烁谱仪的结构框图及各部分的功能如图 2.9.2 所示。

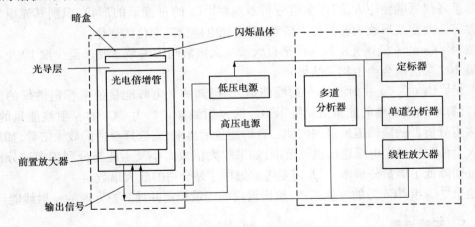

图 2.9.2 闪烁谱仪的结构框图

其工作过程是当 γ 射线射入探头内的 NaI(Tl) 闪烁晶体时在晶体内部产生电离,把能量交给次级电子,在闪烁体内引起的荧光照射光电倍增管的光阴时,打出光电子,再经光电倍增

管次阴级多次倍增所被阳极收集,在光电倍增管阴极负载上输出电压脉冲,此脉冲幅度大小与被测的 γ 射线能量成正比。脉冲信号通过放大器放大后进入单道或多道分析器,从而获得 γ 射线的能谱。本仿真实验用的是单道分析器。

铯 137 的 γ 射线能谱如图 2.9.3 所示。E_b 为背散射峰,一般很小;E_c 为康普顿散射边界;E_e 为光电峰,又称全能峰,对于 ^{137}Cs,此能量为 0.661 Mev。能量分辨率是 γ 能谱仪的重要参数。

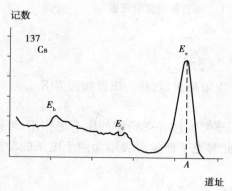

图 2.9.3 γ 射线能谱图

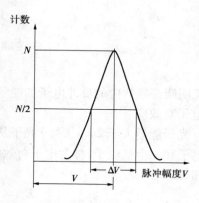

图 2.9.4 能量分辨率

定义能量分辨率 η 为 $\eta = \dfrac{\Delta E}{E} = \dfrac{\Delta V}{V} \times 100\%$。$\Delta V$ 为半高宽度,V 为光电峰脉冲幅度。

2.9.3 实验仪器

单道脉冲幅度分析器、闪烁探头、多道脉冲分析器和计算机数据处理系统、光电倍增管、闪烁谱仪。

2.9.4 实验内容

①熟悉各仪器的使用方法,用多道分析器观察 ^{137}Cs 的 γ 能谱的形状,识别其光电峰及康普顿边界等。改变线形放大器的放大倍数,观察光电峰位置变化的规律。

②测量 ^{137}Cs 的 γ 能谱光电峰与线形放大器放大倍数间的关系。要求至少取 10 个不同数据并作最小二乘法拟合给出相关结果。

③测量 ^{137}Cs 的 ^{60}Co 放射源的 γ 射线能谱,用已知的光电峰能量值来标定谱仪的能量刻度,然后计算未知光电峰的能量值。提示 ^{60}Co 的 γ 射线能量约为 ^{137}Cs 的 γ 射线能量的两倍,要求在多道分析器的横轴道址范围内使二者均能显示出来,需选择合适的放大倍数,如果放大倍数太大会使 ^{60}Co 的光电峰逸出道址范围;如果放大倍数太小又不能充分利用多道分析器给定的道址而降低了能量分辨率,因此需要考虑怎样才是合适的放大倍数。

④绘出 ^{137}Cs 和 ^{60}Co 源的 γ 能谱图,给出谱仪的能量标定并计算 ^{60}Co 源的 γ 射线能量。

2.9.5 实验步骤

(1)主窗口及主菜单

在系统主界面上选择"γ 能谱"并单击,即可进入本仿真实验平台,显示平台主窗口,如图

2.9.5 所示。

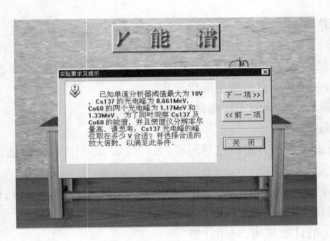

图 2.9.5

　　进入仿真实验平台后自动出现"实验要求及提示",如图 2.9.6 所示,请仔细阅读,以便准确、高效地完成实验。单击"前一项""后一项"按钮切换,阅读后关闭。

　　关闭"实验要求及提示"后自动出现"预习思考题",如图 2.9.7 所示。请认真完成,单击"答案"按钮可核对答案,做完后关闭。

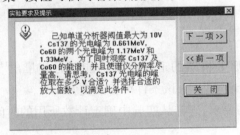

图 2.9.6

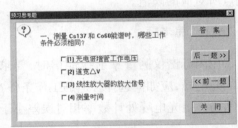

图 2.9.7

　　在实验室台面上单击右键,弹出主菜单,如图 2.9.8 所示。

（2）仪器调节

　　双击实验室桌面上的单道脉冲幅度分析仪,打开仪器调节窗口,如图 2.9.9 所示进行调节。

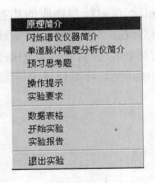

图 2.9.8

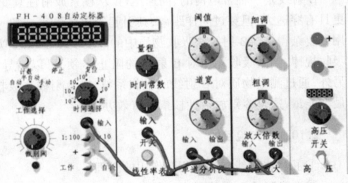

图 2.9.9

仪器调节步骤：

①打开高压电源开关。

②按实验要求调节高压值。

③打开线性率表开关,调节放大倍数。每改变一次放大倍数值,不断改变阈值,同时从线性率表中观察 Cs137 的峰位,直至满足实验要求。

④按实验要求调节定标器的工作选择、时间选择旋钮。

⑤按实验要求调节道宽。

⑥调节完成,双击仪器上方的黄色标题栏,关闭仪器,返回实验室台面。

（3）进行实验

在主菜单上选择"开始实验",如果仪器调节正确,将弹出数据表格,请继续以下实验步骤,否则系统将给出相应提示并弹出仪器,请继续调节。

①单击定标器上的计数按钮,开始计数。

②计数完毕,定标器自动停止,在实验数据表格中单击"记录数据"按钮,将此数据记录,单击"能谱图",可观察描点。若对本次数据不满意,单击"清除数据"按钮,返回第 1 步。

③适当调节阈值,返回第 1 步,直至所有数据测定完成。

④单击"能谱图",观察以描点作图法绘制出的能谱图,将鼠标指针移动到记录点上,可读出此点所对应的阈值。

2.9.6　思考题

①用闪烁谱仪测量 γ 射线能谱时,要求在多道分析器的道址范围内能同时测量出 ^{137}Cs 和 ^{60}Co 光电峰,应如何选择合适的工作条件? 在测量过程中,该条件可否改变?

②为满足光电峰处计数率相对误差小于 2% 的要求,怎样从实验中确定计数所用的时间?

2.10　β 吸收

【实验背景】

β 射线是一种带电荷的、高速运行、从核素放射性衰变中释放出的粒子。β 射线比 α 射线更具有穿透力,但穿过同样距离,其引起的损伤更小。和 γ 射线相比,β 射线与物质的相互作用要复杂得多。β 射线在吸收物质中的强度衰减也只近似符合指数规律。通过研究 β 射线的吸收规律,测量吸收物质对 β 射线的阻止本领,可以指导 β 辐射防护的选材及厚度的确定。另外,通过测量物质对 β 射线的吸收系数,或 β 射线在吸收物质中的射程,可以估算 β 射线的最大能量,这是鉴别放射性核素的有效办法。

2.10.1　实验目的

①了解 β 射线与物质相互作用的机理。

②学习测量 β 射线最大能量的方法。

③测量吸收物质对 β 射线的阻止本领。

2.10.2　实验原理

(1) β 衰变与 β 能谱的连续性

β 衰变是放射性原子核放射电子（β 粒子）和中微子而转变为另一种核的过程。β 衰变时，在释放出高速运动电子的同时还释放出中微子。两者分配能量的结果，使 β 射线具有连续的能量分布，如图 2.10.1 所示。以本实验所用的 $^{90}_{38}$Sr—$^{90}_{39}$Y，β 源为例，其衰变图如图 2.10.2 所示。$^{90}_{38}$Sr 的半衰期为 28.6 年，它发射的 β 粒子最大能量为 0.546 MeV，$^{90}_{38}$Sr 衰变后成为 $^{90}_{39}$Y，$^{90}_{39}$Y 的半衰期为 64.1 h，它发射的 β 粒子最大能量为 2.27 MeV，衰变后成为 $^{90}_{40}$Zr，因而 $^{90}_{38}$Sr—$^{90}_{39}$Y 源在 0～2.27 MeV 的范围内形成连续的能谱。

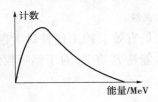

图 2.10.1　β 射线能谱　　　　图 2.10.2　$^{90}_{38}$Sr—$^{90}_{39}$Y 源衰变图

(2) β 射线与物质的相互作用

当一定能量的 β 射线（即高速电子束）通过物质时，与该物质原子或原子核相互作用，由于能量损失，强度会逐渐减弱，即在物质中被吸收。电子与物质相互作用的机制主要有三种：通过电离效应、辐射效应和多次散射等方式损失能量。β 射线与物质原子核外电子发生非弹性碰撞，使原子激发或电离，因而损失其能量，即电离能量损失。电离损失是 β 射线在物质中损失能量的主要方式。当 β 射线与物质原子核的库仑场相互作用时，其运动速度会发生很大变化。根据电磁理论，当带电粒子有加速度时，会辐射电磁波即轫致辐射，这就是辐射能量损失。此外，β 射线也可以与物质原子核发生弹性散射，不损失能量，只改变运动方向。因为 β 粒子的质量很小，所以散射的角度可以很大，而且会发生多次散射，最后偏离原来的方向，使入射方向上 β 射线强度减弱。当 β 射线穿过物质时，由于 β 射线与物质发生相互作用，使 β 射线强度减弱的现象称为 β 射线的吸收。

(3) β 射线最大能量的测量

β 射线的能量是连续分布的，对于确定的放射源，有确定的最大能量 E_0。因此，如果能够测量出 β 射线的最大能量 E_0，则可以判别放射性核素的种类，其为放射性测量的一项重要内容。常用的测量方法有吸收法和最大射程法两类。

对于一束单能电子（如内转换电子）穿过吸收物质层时，其强度随吸收物质层厚度的增加而减弱，并符合指数衰减规律。但由于 β 射线的能量不是单一的，而是连续分布的，所以 β 射线的吸收只是近似符合指数衰减规律，如图 2.10.3 所示。图中横轴 x_m 为吸收物质的质量厚度，等于吸收物质层厚度 x 与物质密度 ρ 的乘积，单位采用 g/cm²。R_0 为有效射程，代表使 β 射线强度降为 10^{-4} 的吸收物质层厚度，也采用 g/cm² 作为单位。由于 β 射线与物质相互作用时会放生轫致辐射，并且放射性核素 β 衰变时还伴随有 γ 射线，所以在测量 β 射线的吸收曲线时，即使吸收物质层厚度已经超过 β 射线的最大射程（用 R 表示，代表 β 射线全部被吸收时的吸收物质层厚度），仍会测量到高于本底的计数，如图 2.10.3 所示中各曲线的尾部，从而导致

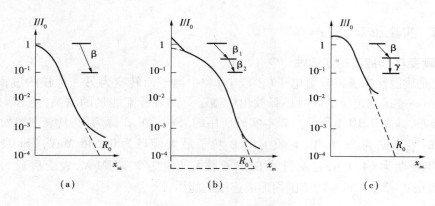

图 2.10.3　β 吸收曲线

测量最大射程的困难。为此,在实际工作中通常是测量有效射程来代替最大射程。有效射程不仅与吸收物质的性质有关,而且也与 β 射线的最大能量 E_0 有关,对于铝吸收体,存在下述经验公式:

当 $0.8\ \mathrm{MeV} > E_0 > 0.8 I = I_0 \mathrm{e}^{-\mu_m x_m}$ 时,

$$R_0 = 0.407 E_0^{1.38} \tag{2.10.1}$$

当 $E_0 > 0.8\ \mathrm{MeV}$ 时,

$$R_0 = 0.542 E_0 - 0.133 \tag{2.10.2}$$

假设 β 衰变过程中只放出一种 β 射线,如图 2.10.3(a) 所示,吸收曲线可近似用下式表示:

$$I = I_0 \mathrm{e}^{-\mu_m x_m} \tag{2.10.3}$$

对两边取对数,得

$$\ln I = \ln I_0 - \mu_m x_m \tag{2.10.4}$$

其中,I_0 和 I 分别是穿过吸收物质前、后的 β 射线强度,x_m 是吸收物质的质量厚度,μ_m 是吸收物质的质量吸收系数。由于在相同实验条件下,某一时刻的计数率 n 总是与该时刻的 β 射线强度 I 成正比,所以式(2.10.3)和式(2.10.4)也可以表示为:

$$n = n_0 \mathrm{e}^{-\mu_m x_m} \tag{2.10.5}$$

$$\ln n = \ln n_0 - \mu_m x_m \tag{2.10.6}$$

显然,$\ln n$ 与 x_m 具有线性关系。在用 NaI(Tl) 闪烁能谱仪测量 β 射线能谱时,考虑到 β 射线能量分布的连续性,其全谱计数率即为式(2.10.5)和式(2.10.6)中的 n。

同有效射程一样,μ_m 也与吸收物质的性质及 β 射线的最大能量有关。对于铝吸收体,存在经验公式:

$$\mu_m = \frac{17}{E_0^{1.14}} \tag{2.10.7}$$

这样,只要在实验过程中,通过测量 β 射线在一定吸收物质中的吸收曲线,在曲线上求取 R_0 和 μ_m,就可用式(2.10.1)、式(2.10.2)和式(2.10.7)估算出 β 射线的最大能量。

(4) 吸收物质对 β 射线的阻止本领

β 射线在吸收物质中单位路径长度上损失的平均能量定义为吸收物质对 β 射线的阻止本领(简称阻止本领),记作 $\dfrac{\mathrm{d}E}{\mathrm{d}x}$。实际使用中,为了消除密度的影响,常用的是质量阻止本领,即

$\dfrac{1}{\rho}\dfrac{\mathrm{d}E}{\mathrm{d}x}$,其中,$\rho$ 为吸收物质的密度。

根据 β 射线与物质的相互作用,我们知道,在一般能量范围内(如 $E_0 < 10 \text{ MeV}$),β 射线在吸收物质中的能量损失主要来自电离损失和辐射损失,因此总的阻止本领应为这两种能量损失所对应的碰撞阻止本领及辐射阻止本领之和。总的阻止本领的计算比较复杂,但可以通过实验,测量不同能量的单能电子在吸收物质中的能量损失,来求得这一物质在不同能量时的总的阻止本领。

单能电子的获得可以通过横向半圆磁聚焦 β 谱仪分离 β 射线得到。实验中,只要改变 NaI(Tl)闪烁探测器相对于横向半圆磁聚焦 β 谱仪的位置,就可以探测不同能量的单能电子。显然,当 NaI(Tl)闪烁探测器位于某个位置时,只要能够测量出 β 射线经过吸收物质前后对应的单能电子能量 E_0 和 E_1,就可以计算出该吸收物质对能量为 $E = (E_0 + E_1)/2$ 的单能电子的质量阻止本领,即

$$\frac{1}{\rho}\frac{\mathrm{d}E}{\mathrm{d}x} = \frac{E_0 - E_1}{d_m} \tag{2.10.8}$$

其中,d_m 为吸收物质层的质量厚度。

2.10.3 实验仪器

频率计、边限振荡器、稳流电源、螺线管、移相器、调压器和示波器。

2.10.4 实验内容

(1)实验装置

实验所需仪器主要包括横向半圆磁聚焦 β 谱仪(真空型)、NaI(Tl)闪烁探测器、多道脉冲幅度分析器、计算机等,另外还用到 γ 放射源^{60}Co 和^{137}Cs,β 放射源^{90}Sr—^{90}Y。实验装置如图 2.10.4 所示。

(2)实验步骤

①阅读仪器使用说明,掌握仪器及多道分析软件的使用方法。

②仪器开机并调整好工作电压(700 ~ 750 V)和放大倍数后,预热 30 min 左右。

③在多道分析软件中调整预置时间为 600 s。

④用 γ 放射源^{60}Co 和^{137}Cs 标定闪烁谱仪,绘制能量刻度曲线,用最小二乘法确定相应的表达式。

⑤抽真空,真空度由真空表监测。

⑥测量铝在不同能量下对 β 射线总的质量阻止本领。

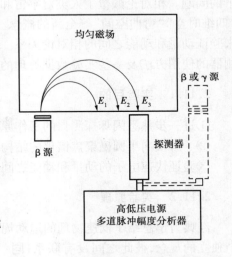

图 2.10.4 β 射线吸收实验装置

左右移动闪烁能谱仪的探头,在加吸收片和不加吸收片两种情况下,分别测量 β 射线(用 β 放射源^{90}Sr—^{90}Y)能谱中单能电子峰位对应的多道脉冲幅度分析器的道数。根据道数由能量刻度曲线计算单能电子的能量,进一步得到铝在不同能量下对 β 射线总的质量阻止本领,

并绘制质量阻止本领与探头位置之间的关系曲线。

⑦用一组铝吸收片测量对 ^{90}Sr—^{90}Y 放射源的 β 射线的吸收曲线（$\ln n \sim x_m$ 曲线），用最小二乘法求出质量吸收系数，进而求取 β 射线的最大能量，并与 2.27 MeV 比较，求相对不确定度。

2.10.5　注意事项

①当工作指示灯亮时,切勿关闭仪器。
②领用和归还放射源必须作好登记。

2.10.6　思考题

①简要说明 β 射线吸收与 γ 射线吸收的异同点。
②如何用本实验的方法测量一定材料的厚度？
③在测量吸收曲线时,闪烁体前的 200 μm 铝质密封窗对测量结果有何影响？

2.11　相对论电子的动量与动能关系的测量

【实验背景】

相对论和量子力学是现代物理学的两大基本支柱。经典物理学的基础经典力学不适用于高速运动的物体和微观领域。相对论解决了高速运动问题;量子力学解决了微观亚原子条件下的问题。相对论颠覆了人类对宇宙和自然的"常识性"观念,提出了"时间和空间的相对性""四维时空""弯曲空间"等全新的概念。本实验通过对快速电子的动量值及动能的同时测定来验证动量和动能之间的相对论关系。同时实验者将从中学习到 β 磁谱仪测量原理、闪烁探测器的使用方法及一些实验数据处理的思想方法。

2.11.1　实验目的

①进一步熟悉闪烁探测器的工作原理和使用方法。
②了解横向半圆磁聚焦谱仪的结构和工作原理,掌握测量快速电子动能与动量的方法。
③验证快速电子的动量和动能之间的相对论关系。

2.11.2　实验原理

经典力学总结了低速物理的运动规律,它反映了牛顿的绝对时空观:认为时间和空间是两个独立的观念,彼此之间没有联系;同一物体在不同惯性参照系中观察到的运动学量(如坐标、速度)可通过伽利略变换而互相联系。这就是力学相对性原理:一切力学规律在伽利略变换下是不变的。

19 世纪末至 20 世纪初,人们试图将伽利略变换和力学相对性原理推广到电磁学和光学时遇到了困难。实验证明对高速运动的物体伽利略变换是不正确的,实验还证明在所有惯性参照系中光在真空中的传播速度为同一常数。在此基础上,爱因斯坦于 1905 年提出了狭义相对论;并据此导出从一个惯性系到另一惯性系的变换方程即"洛伦兹变换"。

洛伦兹变换下,静止质量为 m_0,速度为 v 的物体,狭义相对论定义的动量 p 为:

$$p = \frac{m_0}{\sqrt{1-\beta^2}}v = mv \tag{2.11.1}$$

式中, $m = \dfrac{m_0}{\sqrt{1-\beta^2}}$, $\beta = v/c$ 。相对论的能量 E 为:

$$E = mc^2 \tag{2.11.2}$$

这就是著名的质能关系。 mc^2 是运动物体的总能量。当物体静止时, $v = 0$,物体的能量为 $E_0 = m_0 c^2$ 称为静止能量;两者之差为物体的动能 E_k ,即

$$E_k = mc^2 - m_0 c^2 = m_0 c^2 \left(\frac{1}{\sqrt{1-\beta^2}} - 1 \right) \tag{2.11.3}$$

当 $\beta \ll 1$ 时,式(2.11.3)可展开为

$$E_k = m_0 c^2 \left(1 + \frac{1}{2}\frac{v^2}{c^2} + L \right) - m_0 c^2 \approx \frac{1}{2}m_0 v^2 = \frac{1}{2}\frac{p^2}{m_0} \tag{2.11.4}$$

即得经典力学中的动量—能量关系。

由式(2.11.1)和(2.11.2)可得:

$$E^2 - c^2 p^2 = E_0^2 \tag{2.11.5}$$

这就是狭义相对论的动量与能量关系。而动能与动量的关系为:

$$E_k = E - E_0 = \sqrt{c^2 p^2 + m_0^2 c^4} - m_0 c^2 \tag{2.11.6}$$

这就是我们要验证的狭义相对论的动量与动能的关系。对高速电子其关系如图 2.11.1 所示。图中 pc 用 MeV 作单位,电子的 $m_0 c^2 = 0.511$ MeV。式(2.11.4)可化为: $E_k = \dfrac{1}{2}\dfrac{c^2 p^2}{m_0 c^2} = \dfrac{c^2 p^2}{2 \times 0.511}$ 以利于计算。

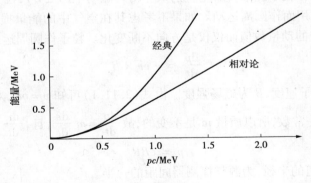

图 2.11.1

2.11.3　实验仪器

实验所需仪器如图 2.11.2 所示,主要包括横向半圆磁聚焦 β 谱仪(真空型)、NaI(Tl)闪烁探测器、多道脉冲幅度分析器、计算机等,另外还用到 γ 放射源 60Co 和 137Cs,β 放射源 90Sr—90Y。

2.11.4 实验内容

(1)实验装置

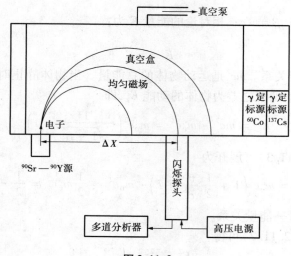

图 2.11.2

实验装置主要由以下部分组成：

①真空、非真空半圆聚焦 β 磁谱仪；

②β 放射源^{90}Sr—^{90}Y（强度 ≈ 1 毫居里），定标用 γ 放射源^{137}Cs 和 ^{60}Co（强度 ≈ 2 微居里）；

③200 mmAl 窗 NaI（Tl）闪烁探头；

④数据处理计算软件；

⑤高压电源、放大器、多道脉冲幅度分析器。

β 源射出的高速 β 粒子经准直后垂直射入一均匀磁场中（$\overline{V} \perp \overline{B}$），粒子因受到与运动方向垂直的洛伦兹力的作用而作圆周运动。如果不考虑其在空气中的能量损失（一般情况下为小量），则粒子具有恒定的动量数值而仅仅是方向不断变化。粒子作圆周运动的方程为：

$$\frac{\mathrm{d}p}{\mathrm{d}t} = - ev \times B \tag{2.11.7}$$

e 为电子电荷，v 为粒子速度，B 为磁场强度。由式（2.11.1）可知 $p = mv$，对某一确定的动量数值 P，其运动速率为一常数，所以质量 m 是不变的，故 $\frac{\mathrm{d}p}{\mathrm{d}t} = m \frac{\mathrm{d}v}{\mathrm{d}t}$，且 $\left| \frac{\mathrm{d}v}{\mathrm{d}t} \right| = \frac{v^2}{R}$。所以

$$p = eBR \tag{2.11.8}$$

式中，R 为 β 粒子轨道的半径，为源与探测器间距的一半。

在磁场外距 β 源 X 处放置一个 β 能量探测器来接收从该处出射的 β 粒子，则这些粒子的能量（即动能）即可由探测器直接测出，而粒子的动量值即为：$p = eBR = eB\Delta X/2$。由于 β 源 $^{90}_{39}$Sr—$^{90}_{39}$Y（0 ~ 2.27 MeV）射出的 β 粒子具有连续的能量分布（0 ~ 2.27 MeV），因此探测器在不同位置（不同 DX）就可测得一系列不同的能量与对应的动量值。这样就可以用实验方法确定测量范围内动能与动量的对应关系，进而验证相对论给出的这一关系的理论公式的正确性。

(2)实验步骤

①检查仪器线路连接是否正确，然后开启高压电源，开始工作。

②打开 $^{60}Co\gamma$ 定标源的盖子，移动闪烁探测器使其狭缝对准 ^{60}Co 源的出射孔并开始记数测量。

③调整加到闪烁探测器上的高压和放大数值，使测得的 ^{60}Co 的 1.33 MeV 峰位道数在一个比较合理的位置。建议：在多道脉冲分析器总道数的 50% ~ 70%，这样既可以保证测量高能 β 粒子(1.8 ~ 1.9 MeV)时不越出量程范围，又充分利用多道分析器的有效探测范围。

④选择好高压和放大数值后，稳定 10 ~ 20 min。

⑤正式开始对 NaI(Tl) 闪烁探测器进行能量定标，首先测量 ^{60}Co 的 γ 能谱，等 1.33 MeV 光电峰的峰顶记数达到 1 000 以上后(尽量减少统计涨落带来的误差)，对能谱进行数据分析，记录下 1.17 和 1.33 MeV 两个光电峰在多道能谱分析器上对应的道数 CH_3、CH_4。

⑥移开探测器，关上 $^{60}Co\gamma$ 定标源的盖子，然后打开 $^{137}Cs\gamma$ 定标源的盖子并移动闪烁探测器使其狭缝对准 ^{137}Cs 源的出射孔并开始记数测量，等 0.661 MeV 光电峰的峰顶记数达到 1 000 后对能谱进行数据分析，记录下 0.184 MeV 反散射峰和 0.661 MeV 光电峰在多道能谱分析器上对应的道数 CH_1、CH_2。

⑦关上 $^{137}Cs\gamma$ 定标源，打开机械泵抽真空(机械泵正常运转 2 ~ 3 min 即可停止工作)。

⑧盖上有机玻璃罩，打开 β 源的盖子开始测量快速电子的动量和动能，探测器与 β 源的距离 DX 最近要小于 9 cm、最远要大于 24 cm，保证获得动能范围 0.4 ~ 1.8 MeV 的电子。

⑨选定探测器位置后开始逐个测量单能电子能峰，记下峰位道数 CH 和相应的位置坐标 X。

⑩全部数据测量完毕后关闭 β 源及仪器电源，进行数据处理和计算。

2.11.5　注意事项

①闪烁探测器上的高压电源、前置电源、信号线绝对不可以接错。
②装置的有机玻璃防护罩打开之前应先关闭 β 源。
③应防止 β 源强烈震动，以免损坏它的密封薄膜。
④移动真空盒时应格外小心，以防损坏密封薄膜。

2.11.6　思考题

①本实验为什么要抽真空？
②根据经典力学和相对论，计算动能为 2 keV 和 2 MeV 电子的速度。

2.12　LED 电压源驱动实验

【背景简介】

LED 中文名叫发光二极管，是当今照明和显示的发展方向。给 LED 提供一个稳定可靠的驱动电源是必不可少的，因此在本实验中采用稳定电压源为 LED 提供电源。当稳压电路中的各项参数确定以后，稳压源输出的电压是固定的，而输出电流却随着负载的增减而变化；稳压电路不怕负载开路，但严禁负载完全短路。以稳压驱动电路驱动 LED，每串需要加上合适的电阻方可使每串 LED 显示亮度平均；亮度会受整流而来的电压变化影响。

2.12.1 实验目的

①掌握电压源驱动 LED 的特点。
②实验测量红绿蓝三种颜色 LED 的工作电压和工作电流。
③比较红绿蓝三种颜色 LED 的电学特性。

2.12.2 实验原理

发光二极管 LED(Light Emitting Diode)主要由支架、银胶、晶片、金线、环氧树脂组成,如图 2.12.1 所示。LED 可以直接把电能转化为光能,其心脏是一个半导体的晶片,晶片的一端附着 LED 灯珠。在一个支架上,一端是负极,另一端连接电源的正极,整个晶片被环氧树脂封装起来。半导体晶片由两部分组成,一部分是 P 型半导体,空穴占主导地位;另一端是 N 型半导体,在这边主要是电子。这两种半导体连接起来的时候,它们之间就形成一个 P-N 结。当电流通过导线作用于这个晶片的时候,电子就会被推向 P 区,在 P 区里电子跟空穴复合,然后就会以光子的形式发出能量,这就是 LED 发光的原理。光的波长决定光的颜色,是由形成 P-N 结材料决定的。

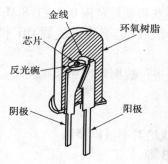
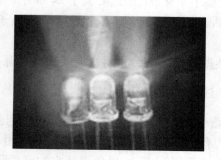

图 2.12.1 LED 结构(左)和 LED 发光实物图(右)

Lamp-LED(垂直 LED,也称插件 LED)早期呈现的是直插 LED,它的封装选用灌封的方式。灌封的进程是先在 LED 成型模腔内注入液态环氧树脂,然后刺进压焊好的 LED 支架,放入烘箱中让环氧树脂固化后,将 LED 从模腔中脱离出即成型。由于制作工艺相对简略、成本低,故有着较高的市场占有率。

LED 电压驱动是一种常用的驱动方式,一般来说,LED 的工作电压是 2 ~ 3.6 V,工作电流是 0.002 ~ 0.03 A(不同规格、型号的 LED 的工作电压、工作电流是不相同的)。本实验箱所采用的驱动电路如图 2.12.2 所示。

U8A 构成电压跟随器,驱动电压 V_{LedV} 由板载仪表输出,可按"电压 +"或"电压 −"来改变。LED 的工作电压设为 V_{led},其工作电流为:

$$V_{Led} = \frac{V_{LedV} - V_{led}}{R}$$

图 2.12.2 中,VP1、VP2、VP3、VP4 和 AP1、AP2、AP3、AP4 分别为电压测试端子和电流测试端子,VP5 为接地端子。LedKey V + 为"电压 +"按键,LedKey V − 为"电压 −"按键,C11 为芯片的滤波电容。

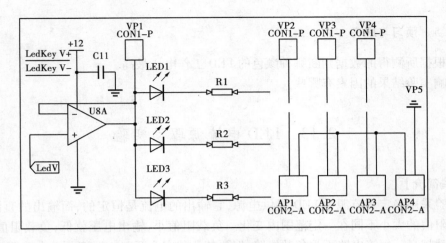

图 2.12.2　LED 电压源驱动电路图

2.12.3　实验仪器及注意事项

STR-LED1000LED 综合实验仪。

①必须用电源的正极连接电压表和电流表的正极,用接地连接电压表和电流表的负极。

②调节电压和电流要从小到大,随时注意不要使元器件损坏。

2.12.4　实验内容及步骤

①按"电压 +"或"电压 -"用于改变输出的驱动电压 V_{LedV},输出范围为 0 ~ 5.00 V,步进为 0.10 V。LED 的工作电压设为 V_{led},可由板载电压表测量得到。

②测量三组 LED 的驱动电压 V_{LedV}、工作电压 V_{led} 和工作电流 I_{Led},填入表 2.12.1 中,并画出 3 组 LED 工作电压随工作电流的关系曲线。

表 2.12.1　不同颜色 LED 电压电流关系

驱动电压/V	红二极管工作电压	红二极管工作电流	红二极管亮暗程度	绿二极管工作电压	绿二极管工作电流	绿二极管亮暗程度	蓝二极管工作电压	蓝二极管工作电流	蓝二极管亮暗程度
1									
1.2									
1.4									
1.6									
1.8									
⋮									
5.0									

2.12.5 预习与思考

①请根据所测得的数据判断哪种颜色的 LED 工作电压最高。

②影响实验结果的因素有哪些？

2.13 LED 电流源驱动实验

【背景简介】

本实验采用稳定直流源为 LED 提供电源,它输出的电流是恒定的,而输出的直流电压却随着负载阻值的大小不同在一定范围内变化。负载阻值小,输出电压就低;负载阻值越大,输出电压也就越高。恒流电路不怕负载短路,但严禁负载完全开路。恒流驱动电路驱动 LED 是较为理想的,但相对而言价格较高。应注意所使用最大承受电流及电压值,它限制了 LED 的使用数量。

2.13.1 实验目的

①掌握电流源驱动 LED 的特点。

②实验测量红绿蓝三种颜色 LED 在电流源驱动下的工作电压和工作电流。

③比较红绿蓝三种颜色 LED 的电学特性。

2.13.2 实验原理

下面介绍几种最常用于驱动 LED 的恒流源电路。

(1)使用高精度运放

输出电流为 $I_{out} = V_{ref}/R_s$,其实验电路图如图 2.13.1 所示,属于类型 1 电路。

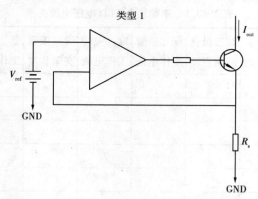

图 2.13.1 类型 1 电路

类型 1 为基本电路,工作时输入电压 V_{ref} 与输出电流成比例的检测电压 V_s ($V_s = R_s \times I_{out}$) 相等。

(2)使用并联稳压器

这种方式的特点是结构简单且具有高精度,输出电流为 $I_{out} = V_{ref}/R_s$, V_{ref} 为 1.25 V 或 2.5 V。

这是使用运放与 V_{ref}(2.5 V)一体化的并联稳压器,由于这种电路的 V_{ref} 高达 2.5 V,所以电源利用范围较窄。具体电路图如图 2.13.2 所示。

（3）使用晶体管

这种方式的特点是简单,缺点是精度较低,输出电流为 $I_{out} = V_{be}/R_s$,V_{be} 约为 0.6 V。

这是用晶体管代替运放的电路,由于使用晶体管的 V_{be}(约 0.6 V)替代 V_{ref} 的电路,因此,V_{be} 的温度变化毫无改变地呈现在输出中,从而得不到期望的精度。具体实验电路图如图 2.13.3 所示。

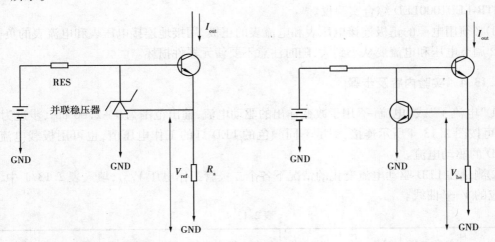

图 2.13.2　使用并联稳压器型电路　　　图 2.13.3　使用晶体管型电路

LED 电流驱动是另一种常用的驱动方式。一般来说,LED 的工作电压是 2～3.6 V,工作电流是 0.002～0.03 A(不同规格、型号的 LED 的工作电压、工作电流是不相同的)。本实验箱采用类型 1,如图 2.13.4 所示。

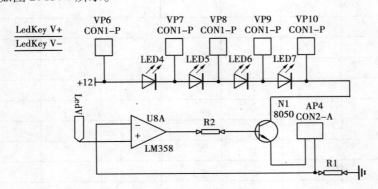

图 2.13.4　实验中所使用的电路

在设计该驱动电路时,有一点需要特别注意:所有 LED 工作电压、N1 的工作电压、R1 的工作电压的总和不能超过 12 V。在做完实验之后,大家可以思考一下,是否可以把白色 LED 也加到该驱动电路中来。

LM358 可使用单电源进行工作,工作电压范围为 3～32 V,另外从 LM358 数据手册的电气参数中可以得知,其输出电流可达 40 mA,符合设计要求。

U8A 构成电压跟随器,驱动电压由板载仪表输出,对应的驱动电流为 V_{LedA}:

$$I_{Led} = \frac{V_{LedA}}{200}$$

图中 VP6、VP7、VP8、VP9、VP10 和 AP5 分别为电压测试端子和电流测试端子。LedKey A +
为"电流 +"按键,LedKey A − 为"电流 −"按键。

2.13.3 实验仪器及注意事项

STR-LED1000LED 综合实验仪。
①必须用电源的正极连接电压表和电流表的正极,用接地连接电压表和电流表的负极。
②调节电压和电流要从小到大,随时注意不要使元器件损坏。

2.13.4 实验内容及步骤

①"电流 +"或"电流 −"用于改变输出的驱动电流,输出范围为 0 ~ 2.00 mA,步进为 0.10
mA。可按图 2.13.4 所示连接,测量不同颜色的 LED 灯的工作电压值,也可用板载电流表测
量 LED 的驱动电流。

②测量在 LED 驱动电流变化的情况下各个二极管工作电压 V_{LedA},填入表 2.13.1 中,并画
出相应的 V—I 曲线。

表 2.13.1

驱动电流/mA	红色二极管工作电压	红色二极管亮暗程度	绿色二极管工作电压	绿色二极管亮暗程度	蓝色二极管工作电压	蓝色二极管亮暗程度	黄色二极管工作电压	黄色二极管亮暗程度
0.5								
0.6								
0.7								
0.8								
0.9								
1.0								
1.1								
1.2								
1.3								
1.4								
1.5								
1.6								
1.7								
1.8								
1.9								
2.0								

2.13.5　预习与思考

① 请根据所测得的数据判断哪种颜色的 LED 工作电流最高。
② 影响实验结果的因素有哪些?

2.14　光拍频法测量光速

2.14.1　实验目的

① 掌握光拍频法测量光速的原理和实验方法,并对声光效应有一初步了解。
② 通过测量光拍的波长和频率来确定光速。

2.14.2　实验仪器

频率计、边限振荡器、稳流电源、螺线管、移相器、调压器和示波器。

2.14.3　实验原理

光波是电磁波,光速是最重要的物理常数之一。光速的准确测量有重要的物理意义,也有重要的实用价值。基本物理量长度的单位就是通过光速定义的。

测量光速的方法很多,有经典的,也有现代的。我们需要的是物理概念清楚、成本不高而且学生能够在实验桌上直观、方便地完成测量的那种方法。

我们知道,光速 $c = s/\Delta t$, s 是光传播的距离,Δt 是光传播 s 距离所需的时间。例如 $c = f\lambda$ 中,λ 相当上式中的 s,可以方便地测得,但光频 f 大约为 $1\ 014$ Hz,我们没有那样的频率计,同样,传播 λ 距离所需的时间 $\Delta t = 1/f$ 也没有比较方便的测量方法。如果使 f 变得很低,例如 30 MHz,那么波长约为 10 m。这种测量对我们来说是十分方便的。这种使光频"变低"的方法就是所谓"光拍频法"。本实验利用激光束通过声光移频器,获得具有较小频差的两束光,它们叠加则得到光拍;利用半透镜将这束光拍分成两路,测量这两路光拍到达同一空间位置的光程差(当相位差为 2π 时光程差等于光拍的波长)和光拍的频率,从而测得光速。

(1)光拍的形成及其特征

根据振动叠加原理,频差较小,速度相同的两列同向传播的简谐波叠加即形成拍。若有振幅相同为 E_0、圆频率分别为 ω_1 和 ω_2(频差 $\Delta\omega = \omega_1 - \omega_2$ 较小)的二光束:

$$E_1 = E_0\cos(\omega_1 t - k_1 x + \varphi_1), E_2 = E_0\cos(\omega_2 t - k_2 x + \varphi_2)$$

式中,$k_1 = 2\pi/\lambda_1$, $k_2 = 2\pi/\lambda_2$ 为波数,φ_1 和 φ_2 为初位相。若这两列光波的偏振方向相同,则叠加后的总场为:

$$E = E_1 + E_2 = 2E_0\cos\left[\frac{\omega_1 - \omega_2}{2}\left(t - \frac{x}{c}\right) + \frac{\varphi_1 - \varphi_2}{2}\right] \times \cos\left[\frac{\omega_1 + \omega_2}{2}\left(t - \frac{x}{c}\right) + \frac{\phi_1 + \omega_2}{2}\right]$$

上式是沿 x 轴方向的前进波,其圆频率为 $(\omega_1 + \omega_2)/2$,振幅为:

$$2E_0\cos\left[\frac{\Delta\omega}{2}\left(t - \frac{x}{c}\right) + \frac{\varphi_1 - \varphi_2}{2}\right]$$

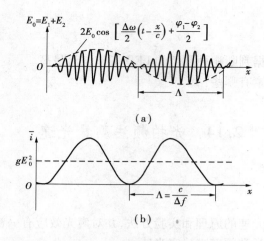

图 2.14.1　拍频波场在某一时刻 t 的空间分布

因为振幅以频率为 $\Delta f = \Delta\omega/4\pi$ 周期性地变化，所以 E 称为拍频波，Δf 称为拍频，$\Lambda = \Delta\lambda = c/\Delta f$ 为拍频波的波长。

（2）光拍信号的检测

用光电检测器（如光电倍增管等）接收光拍频波，可把光拍信号变为电信号。因为光检测器光敏面上光照反应所产生的光电流与光强（即电场强度的平方）成正比，即 $i_0 = gE^2$，g 为接收器的光电转换常数。

光波的频率：$f_0 > 10^{14}$ Hz；光电接收管的光敏面响应频率一般 $\leqslant 10^9$ Hz。因此检测器所产生的光电流都只能是在响应时间 $\tau(1/f_0 < \tau < 1/\Delta f)$ 内的平均值。

$$\bar{i}_0 = \frac{1}{\tau}\int_\tau i_0 \mathrm{d}t = \frac{1}{\tau}\int_\tau i_0 \mathrm{d}t = gE^2\left\{1 + \cos\left[\Delta\omega\left(t - \frac{x}{c}\right) + \Delta\varphi\right]\right\}$$

结果中高频项为零，只留下常数项和缓变项。缓变项即是光拍频波信号，$\Delta\omega$ 是与拍频 Δf 相应的角频率，$\Delta\varphi = \varphi_1 - \varphi_2$ 为初位相。

可见光检测器输出的光电流包含有直流和光拍信号两种成分。滤去直流成分，检测器输出频率为拍频 Δf、初相位 $\Delta\varphi$、相位与空间位置有关的光拍信号，如图 2.14.1 所示。

（3）光拍的获得

为产生光拍频波，要求相叠加的两光波具有一定的频差。这可通过声波与光波相互作用发生声光效应来实现，就使介质成为一个位相光栅。当入射光通过该介质介质中的超声波能使介质内部产生应变引起介质折射率的周期性变化时发生衍射，其衍射光的频率与声频有关。这就是所谓的声光效应。本实验是用超声波在声光介质与 He—Ne 激光束产生声光效应来实现的。

具体方法有两种，一种是行波法，如图 2.14.2（a）所示，在声光介质与声源（压电换能器）相对的端面敷以吸声材料，防止声反射，以保证只有声行波通过介质。当激光束通过相当于位相光栅的介质时，使激光束产生对称多级衍射和频移，第 L 级衍射光的圆频率为 $\omega_L = \omega_0 + L\Omega$，其中 ω_0 是入射光的圆频率，Ω 为超声波的圆频率，$L = 0, \pm1, \pm2, \cdots$ 为衍射级。利用适当的光路使零级与 +1 级衍射光汇合起来，沿同一条路径传播，即可产生频差为 Ω 的光拍频波。

另一种是驻波法，如图 2.14.2（b）所示，在声光介质与声源相对的端面敷以声反射材料，以增强声反射。沿超声传播方向，当介质的厚度恰为超声半波长的整数倍时，前进波与反射波在介质中形成驻波超声场,这样的介质也是一个超声位相光栅。激光束通过时也要发生衍射,且衍射效率比行波法要高。第 L 级衍射光的圆频率为 $\omega_{L,m} = \omega_0 + (L+2m)\Omega$。若超声波功率信号源的频率为 $F = \Omega/2\pi$,则第 L 级衍射光的频率为 $f_{L,m} = f_0 + (L+2m)F$。式中,$L, m = 0$,± 1,± 2,$\cdots$。可见,除不同衍射级的光波产生频移外,在同一级衍射光内也有不同频率的光波。因此,用同一级衍射光就可获得不同的拍频波。例如,选取第 1 级(或零级),由 $m = 0$ 和 $m = -1$ 的两种频率成分叠加,可得到拍频为 $2F$ 的拍频波。

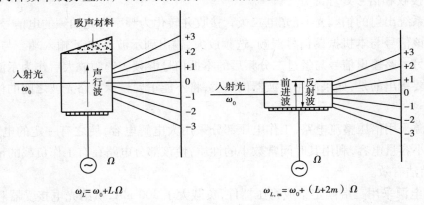

图 2.14.2　相拍二光波获得示意图

本实验即采用驻波法。驻波法衍射效率高,并且不需要特殊的光路使两级衍射光沿同向传播,在同一级衍射光中即可获得拍频波。

(4)光速 c 的测量

实验通过实验装置获得两束光拍信号,在示波器上对两光拍信号的相位进行比较,测出两光拍信号的光程差及相应光拍信号的频率,从而间接测出光速值。假设两束光的光程差为 L,对应的光拍信号的相位差为 $\Delta\varphi'$。当二光拍信号的相位差为 2π 时,即光程差为光拍波的波长 $\Delta\lambda$ 时,示波器荧光屏上的二光束的波形就会完全重合。由公式 $c = \Delta\lambda \cdot \Delta f = L \cdot (2F)$ 便可测得光速值 c。式中 L 为光程差,F 为功率信号发生器的振荡频率。

2.14.4　实验内容

(1)实验装置
本实验所用仪器有 CG-Ⅳ型光速测定仪、示波器和数字频率计各 1 台。

(2)光拍法测光速的电路原理
电路原理图如图 2.14.3 所示。

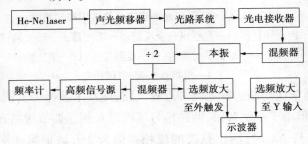

图 2.14.3　光拍法测光速的电原理图

1）发射部分

长 250 mm 的氦氖激光管输出激光的波长为 632.8 nm,功率大于 1 mW 的激光束射入声光移频器中,同时高频信号源输出的频率为 15 MHz 左右、功率 1 W 左右的正弦信号加在频移器的晶体换能器上,在声光介质中产生声驻波,使介质产生相应的疏密变化,形成一位相光栅,则出射光具有两种以上的光频,其产生的光拍信号为高频信号的倍频。

2）光电接收和信号处理部分

由光路系统出射的拍频光,经光电二极管接收并转化为频率为光拍频的电信号,输入至混频电路盒。该信号与本机振荡信号混频,选频放大,输出到示波器的 Y 输入端。与此同时,高频信号源的另一路输出信号与经过二分频后的本振信号混频。选频放大后作为示波器的外触发信号。需要指出的是,如果使用示波器内触发,将不能正确显示二路光波之间的位相差。

3）电源

激光电源采用倍压整流电路,工作电压部分采用大电解电容,使之有一定的电流输出,触发电压采用小容量电容,利用其时间常数小的性质,使该部分电路在有工作负载的情况下形同短路,结构简洁有效。

±12 V 电源采用三端固定集成稳压器件,负载大于 300 mA,供给光电接受器和信号处理部分以及功率信号源。±12 V 降压调节处理后供给斩光器之小电机。

（3）光拍法测光速的光路

图 2.14.4 为光速测量仪的结构和光路图。

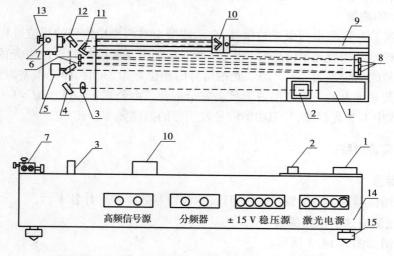

图 2.14.4 CG-Ⅳ型光速测定仪的结构和光路图

1—氦氖激光器;2—声光频移器;3—光栏;4—全反镜;5—斩光器;6—反光镜;7—光电接收盒;

8—反光镜;9—导轨;10—正交反射镜组;11—反射镜组;12—半反镜;13—调节装置;

14—机箱;15—调节螺栓

实验中,用斩光器依次切断远程光路和近程光路,则在示波器屏上依次交替显示两光路的拍频信号正弦波形。但由于视觉暂留,两路信号可同时观测。调节两路光的光程差,当光程差恰好等于一个拍频波长 $\Delta\lambda$ 时,两正弦波的位相差恰为 2π,波形第一次完全重合,从而 $c =$

$\Delta\lambda \cdot \Delta f = L \cdot (2F)$。由光路测得 L,用数字频率计测得高频信号源的输出频率 F,根据上式可得出空气中的光速 c。

因为实验中的拍频波长约为 10 m,为了使装置紧凑,远程光路采用折叠式,如图 2.14.4 所示。图中实验中用圆孔光栏取出第 0 级衍射光产生拍频波,将其他级衍射光滤掉。

2.14.5　实验步骤

①调节光速测定仪底脚螺丝,使仪器处于水平状态。

②正确连接线路,使示波器处于外触发工作状态,接通激光电源,调节电流至 5 mA,接通 15 V 直流稳压电源,预热 15 min 后,使它们处于稳定工作状态。

③使激光束水平通过通光孔与声光介质中的驻声场充分互相作用(已调好不用再调),调节高频信号源的输出频率(15 MHz 左右),产生二级以上最强衍射光斑。

④光栏高度与光路反射镜中心等高,使 0 级衍射光通过光栏入射到相邻反射镜的中心(如已调好不用再调)。

⑤用斩光器挡住远程光,调节全反射镜和半反镜,使近程光沿光电二极管前透镜的光轴入射到光电二极管的光敏面上,打开光电接收器盒上的窗口可观察激光是否进入光敏面,这时,示波器上应有与近程光束相应的经分频的光拍波形出现。

⑥用斩光器挡住近程光,调节半反镜、全反镜和正交反射镜组,经半反射镜与近程光同路入射到光电二极管的光敏面上。这时,示波器屏上应有与远程光光束相应的经分频的光拍波形出现,5、6 两步应反复调节,直到达到要求为止。

⑦在光电接收盒上有两个旋扭,调节这两个旋扭可以改变光电二极管的方位,使示波器屏上显示的两个波形振幅最大且相等。如果它们的振幅不等,再调节光电二极管前的透镜,改变入射到光敏面上的光强大小,使近程光束和远程光束的幅值相等。

⑧缓慢移动导轨上装有正交反射镜的滑块 10,改变远程光束的光程,使示波器中两束光的正旋波形完全重合(位相差为 2π)。此时,两路光的光程差等于拍频波长 $\Delta\lambda$。

⑨测出拍频波长 $\Delta\lambda$,并从数字频率计读出高频信号发生器的输出频率 F,代入公式求得光速 c。反复进行多次测量,并记录测量数据,求出平均值及标准偏差。

2.14.6　注意事项

①声光频移器引线及冷却铜块不得拆卸。

②切勿用手或其他污物接触光学器件的表面。

③通电时,切勿触摸激光管电极等高压部位。

2.14.7　思考题

①什么是光拍频波?

②斩光器的作用是什么?

③为什么采用光拍频法测光速?

④获得光拍频波的两种方法是什么? 本实验采取哪一种?

⑤使示波器上出现两个正旋拍频信号的振幅相等,应如何操作?

⑥写出光速的计算公式,并说出各量的物理意义。

⑦分析本实验的主要误差来源,并讨论提高测量精确度的方法。

2.15 半导体激光器 $P—I$ 特性曲线测量

2.15.1 实验目的

①了解半导体光源和光电探测器的物理基础。

②了解发光二极管(LED)和半导体激光二极管(LD)的发光原理、相关特性。

③了解 PIN 光电二极管和雪崩光电二极管(APD)的工作原理、相关特性。

④掌握有源光电子器件特性参数的测量方法。

2.15.2 实验原理

光纤通信中的有源光电子器件主要涉及光的发送和接收,发光二极管(LED)和半导体激光二极管(LD)是最重要的光发送器件,PIN 光电二极管和 APD 光电二极管则是最重要的光接收器件。

(1)发光二极管(LED)和半导体激光二极管(LD)

LED 是一种直接注入电流的电致发光器件,其半导体晶体内部受激电子从高能级跃迁到低能级时发射出光子,属自发辐射跃迁。LED 为非相干光源,具有较宽的谱宽(30 ~ 60 nm)和较大的发射角(≈100°),常用于低速、短距离光波系统。LD 通过受激辐射发光,是一种阈值器件。LD 不仅能产生高功率(≥10 mW)辐射,而且输出光发散角窄,与单模光纤的耦合效率高(30% ~ 50%),辐射光谱线窄($\Delta\lambda = 0.1 ~ 1.0$ nm),适用于高比特工作,载流子复合寿命短,能进行高速(>20 GHz)直接调制,非常适合于作高速长距离光纤通信系统的光源。

使粒子数反转从而产生光增益是激光器稳定工作的必要条件。对于处于泵浦条件下的原子系统,满足粒子数反转条件时将会产生占优势的(超过受激吸收)受激辐射。在半导体激光器中,这个条件是通过向 P 型和 N 型限制层重掺杂使费密能级间隔在 PN 结正向偏置下超过带隙实现的。当有源层载流子浓度超过一定值(称为透明值),就实现了粒子数反转,由此在有源区产生了光增益,在半导体内传播的输入信号将得到放大。如果将增益介质放入光学谐振腔中提供反馈,就可以得到稳定的激光输出。

1)LED 和 LD 的 $P—I$ 特性与发光效率

LED 和 LD 的 $P—I$ 特性与发光效率是 LED 和 LD 的 $P—I$ 特性曲线如图 2.15.1 所示。LED 是自发辐射光,所以 $P—I$ 曲线的线性范围较大。LD 有一阈值电流 I_{th},当 $I > I_{th}$ 时才发出激光。在 I_{th} 以上,光功率 P 随 I 线性增加。

阈值电流是评定半导体激光器性能的一个主要参数。本实验采用两段直线拟合法对其进行测定,如图 2.15.2 所示,将阈值前与后的两段直线分别延长并相交,其交点所对应的电流即为阈值电流 I_{th}。

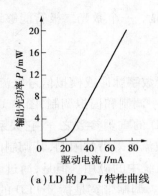
（a）LD 的 P—I 特性曲线

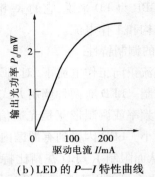
（b）LED 的 P—I 特性曲线

图 2.15.1　LD 和 LED 的 P—I 特性曲线

发光效率是描述 LED 和 LD 电光能量转换的重要参数，发光效率可分为功率效率和量子效率。功率效率定义为发光功率和输入电功率之比，以 η_ω 表示。量子效率分为内量子效率和外量子效率。内量子效率定义为单位时间内辐射复合产生的光子数与注入 PN 结的电子-空穴对数之比。外量子效率定义为单位时间内输出的光子数与注入 PN 结的电子-空穴对数之比。

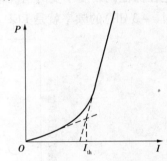

图 2.15.2　两段直线拟合法测量 LD 阈值电流

2）LED 和 LD 的光谱特性

LED 没有光学谐振腔选择波长，它的光谱是以自发辐射为主的光谱。LED 的典型光谱曲线如图 2.15.3 所示。发光光谱曲线上发光强度最大处所对应的波长为发光峰值波长 λ_p，光谱曲线上两个半光强点所对应的波长差 $\Delta\lambda$ 为 LED 谱线宽度（简称谱宽），其典型值为 $30\sim40$ nm。由图 2.15.3 可以看到，当器件工作温度升高时，光谱曲线随之向右移动，从 λ_p 的变化可以求出 LED 的波长温度系数。

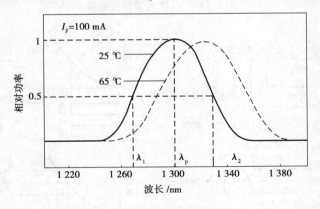

图 2.15.3　LED 光谱特性曲线

激光二极管的发射光谱取决于激光器光腔的特定参数，大多数常规的增益或折射率导引器件具有多个峰的光谱，如图 2.15.4 所示。激光二极管的波长可以定义为它的光谱的统计加权。在规定输出光功率时，光谱内若干发射模式中最大强度的光谱波长被定义为峰值波长

77

λ_p。对诸如 DFB、DBR 型 LD 来说,它的 λ_p 相当明显。一个激光二极管能够维持的光谱线数目取决于光腔的结构和工作电流。

3)LED 和 LD 的调制特性

当在规定的直流正向工作电流下,对 LED 进行数字脉冲或模拟信号电流调制,便可实现对输出光功率的调制。LED 有两种调制方式,即数字调制和模拟调制,图 2.15.5 示出了这两种调制方式。调制频率或调制带宽是光通信用 LED 的重要参数之一,它关系到 LED 在光通信中的传输速度大小。LED 因受到有源区内少数载流子寿命的限制,其调制的最高频率通常只有几十兆赫兹,从而限制了 LED 在高比特速率系统中的应用。但是,通过合理设计和优化的驱动电路,LED 也有可能用于高速光纤通信系统。调制带宽是衡量 LED 的调制能力,其定义是在保证调制度不变的情况下,当 LED 输出的交流光功率下降到某一低频参考频率值的一半时(-3 dB)的频率就是 LED 的调制带宽。

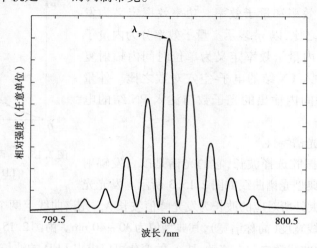

图 2.15.4　LD 光谱特性曲线

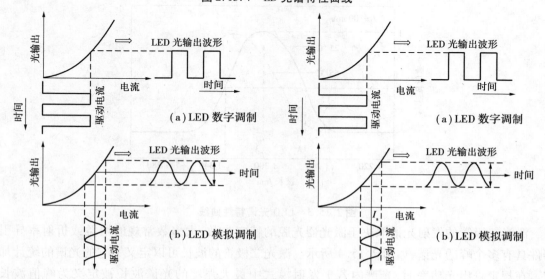

图 2.15.5　LED 调制特性

在 LD 的调制过程中存在以下两种物理机制影响其调制特性：

①增益饱和效应。当注入电流增大，因而光子数 P 增大时，增益 G 出现饱和现象，饱和的物理机制源于空间烧孔、谱烧孔、载流子加热和双光子吸收等因素。谱烧孔也称带内增益饱和。这些因素导致 P 增大时 G 的减小。

②线性调频效应。当注入电流为时变电流对激光器进行调制时，载流子数、光增益和有源区折射率均随之而变，载流子数的变化导致模折射率和传播常数的变化，因此产生了相位调制。它导致了与单纵模相关的光(频)谱加宽，又称线宽增强因子。

(2) PIN 光电二极管和 APD 光电二极管

光电探测器的作用是完成光电转换。光纤通信所用的光电探测器是半导体光电二极管。它们利用半导体物质吸收光子后形成的电子—空穴对把光功率转换成光电流。常用的有 PIN 光电二极管和 APD 光电二极管，后者有放大作用。在短波长采用硅材料，在长波长采用锗材料或 InGaAsP 材料。

2.15.3　实验仪器

发光二极管(LED)和半导体激光二极管(LD)；PIN 光电二极管和雪崩光电二极管(APD)；光纤通信与光纤传感综合实验仪。

2.15.4　实验内容及步骤

(1) 1 550 nm F-P 半导体激光器 P—I 特性曲线测量

①将 1 550 nm 半导体激光器控制端口连接至主机 LD1，光输出连接至主机 OPM 端口，检查无误后打开电源。

②设置 OPM 工作模式为 OPM/mW 模式，量程(RTO)切换至 1 mW。

③设置 LD1 工作模式(MOD)为恒流驱动(ACC)，1 550 nm 激光器为恒定电流工作模式，驱动电流(Ic)置为 0。

④缓慢增加激光器驱动电流，0 ~ 30 mA 内每隔 0.5 mA 测一个点，作 P—I 曲线。

(2) 求 1 550 nm F-P 半导体激光器阈值电流

①系统上电后禁止将光纤连接器对准人眼，以免灼伤。

②光纤连接器陶瓷插芯表面光洁度要求极高，除专用清洁布外，禁止用手触摸或接触硬物。空置的光纤连接器端子必须插上护套。

③所有光纤均不可过于弯曲，除特殊测试外其曲率半径应大于 30 mm。

2.15.5　思考题

①为什么半导体激光器具有阈值？

②如何确定半导体激光器的阈值如何确定？

2.16　图像语音传输

2.16.1　实验目的

①了解光纤模拟通信和数字通信的工作原理。
②了解光纤波分复用技术(WDM)的工作原理。

2.16.2　实验原理

将电信号转变为光信号的方式通常有两种:直接调制和间接调制。直接调制方法适用于半导体光源,它将要传送的信息转变为电流信号注入光源,获得相应的光信号输出,是一种光强度调制(IM)。间接调制是利用晶体的电光、磁光和声光效应等性质对光辐射进行调制,可以采用铌酸锂调制器(L-M)、电吸收调制器(EA-M)和干涉型调制器(MZ-M)实现。对强度调制直接检测(IM/DD)光波系统,并非一定要采用外调制方案,但在高速长距离光波系统中,采用间接调制有利于提高系统性能。

直接调制技术具有简单、经济和容易实现等优点,由于光源的输出光功率基本上与注入电流成正比,因此调制电流变化转换为光频调制是一种线性调制。按调制信号的形式,光调制可分为模拟信号调制和数字信号调制两种。

模拟信号调制是直接用连续的模拟信号(如话音和视频信号)对光源进行调制,如图 2.16.1(a)所示,连续的模拟信号电流叠加在直流偏置电流上。适当选择直流偏置电流的大小,可以减小光信号的非线性失真。数字信号调制主要指 PCM 编码调制,先将连续变化的模拟信号通过取样、量化和编码,转换成一组二进制脉冲代码,用矩形脉冲的 1 码、0 码来表示信号,如图 2.16.1(b)和(c)所示。光波分复用(WDM)是在光域进行的多信道复用方案,这种复用方案可用独立的电比特流,也可用在电域已复用的 TDM 或 FDM 复合比特流调制多个光载波,然后通过同一根光纤传输,实现多层复用。在接收端依次利用光域和电域解复用不同的信道,能够最大限度地利用光纤的带宽潜力。WDM 可复用信道数或可用的载波数主要决定于信道间隔。

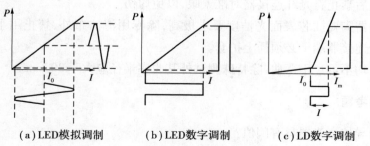

(a)LED模拟调制　　　　(b)LED数字调制　　　　(c)LD数字调制

图 2.16.1　半导体光源的直接调制原理

2.16.3 实验仪器

光纤通信及波分复用实验装置如图2.16.2所示。

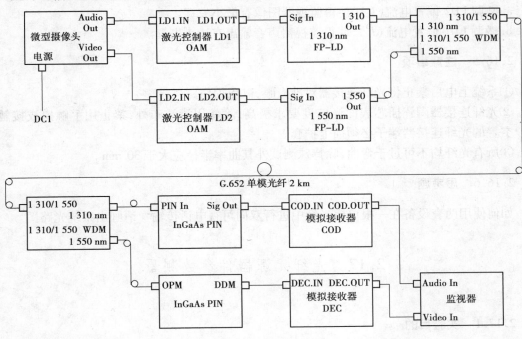

图2.16.2 光纤通信及波分复用实验装置示意图

2.16.4 实验内容及步骤

①按图2.16.2所示结构进行实验系统连接,检查无误后打开系统电源。

②将1 550 nm激光器输出连接至InGaAsPIN光电二极管输入,使用模拟调制方式在单模光纤中传输视频信号。

a.将微型摄像头的视频输出信号连接至示波器CH1输入,观察并记录视频信号波形和幅度。

b.设置LD2工作模式(MOD)为模拟调制模式(OAM),1 550 nm激光器输出光功率受6 MHz带宽视频信号调制。

c.将模拟接收机输出信号DEC.OUT连接至示波器CH2输入,调节LD2偏置电流(I_c)、模拟接收机增益(PD2RTO)、模拟接收机偏移(VS2),使得光接收机监控信号波形与微型摄像头的视频输出信号波形一致。

d.将DEC.OUT连接至监视器视频输入端Video.In,微调LD2偏置电流(I_c),使得监视器图像有最小失真。

③将1310 nm激光器输出连接至InGaAs PIN光电二极管输入,设置LD1工作模式(MOD)为模拟调制模式(OAM),1 310 nm激光器输出光功率受语音信号调制。

将模拟接收机输出信号COD.OUT连接至监视器音频输入端Audio.In,调节LD1偏置电流(I_c)、模拟接收机增益(PD1RTO)、模拟接收机偏移(VS1),使得监视器声音输出有最小失真。

④将两个 WDM 和 2 km G.652 单模光纤按图 2.16.2 所示结构接入实验系统,使用 1 550 nm 传输视频信号,使用 1 310 nm 传输语音信号,进行单模光纤波分复用技术实验。

a. 微调 LD2 偏置电流(I_c),使得监视器图像有最小失真。

b. 微调 LD1 偏置电流(I_c),使得监视器声音输出有最小失真。

2.16.5　注意事项

①系统上电后禁止将光纤连接器对准人眼,以免灼伤。

②光纤连接器陶瓷插芯表面光洁度要求极高,除专用清洁布外,禁止用手触摸或接触硬物。空置的光纤连接器端子必须插上护套。

③所有光纤均不可过于弯曲,除特殊测试外其曲率半径应大于 30 mm。

2.16.6　思考题

如何使用两套设备在一根单模光纤中进行双向可视电话传输? 请画出系统光路图。

2.17　光纤无源器件参数测量

2.17.1　实验目的

①了解光纤无源器件的工作原理及相关特性。

②掌握光纤无源器件特性参数的测量方法。

2.17.2　实验原理

光无源器件有很多种类,主要有光纤连接器、光纤耦合器、光滤波器、光隔离器、波分复用解复用器、光开关、光衰减器、光环形器、偏振选择与控制器等。

(1)光纤连接器

光纤(光缆)连接器是使一根光纤与另一根光纤相连接的器件,实现光信号的平滑无损或低损连接。光纤连接器会引入一定的功率损耗,称为插入损耗,它是衡量光纤连接器质量的主要技术指标之一。

(2)光纤耦合器

光纤耦合器是实现光信号分路/合路的功能器件,一般是对同一波长的光功率进行分路或合路。光纤耦合器的耦合机理基于光纤的消逝场耦合的模式理论。多模与单模光纤均可做成耦合器,通常有两种结构形式,一种是拼接式,另一种是熔融拉锥式。拼接式结构是将光纤埋入玻璃块中的弧形槽中,在光纤侧面进行研磨抛光,然后将经研磨的两根光纤拼接在一起,靠透过纤芯一包层界面的消逝场产生耦合。熔融拉锥式结构是将两根或多根光纤扭绞在一起,用微火炬对耦合部分加热,在熔融过程中拉伸光纤,形成双锥形耦合区。

光耦合器是一种光无源器件,该领域内的一般技术术语对它也适用,同时,它还另有一些体现自身特点的参数。

1）插入损耗（Insertion Loss）

就光耦合器而言,插入损耗定义为指定输出端口的光功率相对全部输入光功率的减少值。该值通常以分贝（dB）表示,数学表达式为：

$$IL_i = -10\lg(P_{0i}/P_i)$$

其中,IL_i 是第 i 个输出端口的插入损耗；P_{0i} 是第 i 个输出端口测到的光功率值；P_i 是输入端的光功率值。

2）附加损耗（Excess Loss）

附加损耗定义为所有输出端口的光功率总和相对于全部输入光功率值。该值以分贝（dB）表示的数学表达式为：

$$EL = -10\lg(\sum P_0/P_i)$$

对于光纤耦合器,附加损耗是体现器件制造工艺质量的指标,反映了器件制作过程带来的固有损耗；而插入损耗则表示的是各个输出端口的输出功率状况,不仅有固有损耗的因素,更考虑了分光比的影响。因此不同种类的光纤耦合器之间,插入损耗的差异并不能反映器件制作质量的优劣,这是与其他无源器件不同的地方。

3）分光比（Coupling Ratio）

分光比是光耦合器所特有的技术术语,它定义为耦合器各输出端口输出功率的比值,在具体应用中常常用相对输出总功率的百分比来表示：

$$CR = P_{0i}/\sum P_{0i} \times 100\%$$

例如,对于标准 X 形耦合器,1∶1 或 50∶50 代表了同样的分光比,即输出为均分的器件。实际工程应用中,往往需要各种不同分光比的器件,这可以通过控制制作过程的停机点来得到。

4）方向性（Directivity）

方向性也是光耦合器所特有的一个技术术语,它是衡量器件定向传输特性的参数。以标准 X 形耦合器为例,方向性定义为在耦合器正常工作时,输入一侧非注入光的一端的输出光功率与全部注入光功率的比较值,以分贝（dB）为单位的数学表达式为：

$$DL = -10\lg(P_{i2}/P_{i1})$$

其中,P_{i1} 代表注入光功率,P_{i2} 代表输入一侧非注入光一端的输出光功率。

5）均匀性（Uniformity）

对于要求均匀分光的光耦合器（主要是树形和星形器件）,实际制作时,因为工艺的局限,往往不可能做到绝对的均分。均匀性就是用来衡量均分器件的"不均匀程度"的参数。它定义为在器件的工作带宽范围内,各输出端口输出光功率的最大变化量。其数学表达式为：

$$FL = -10\lg(Min(P_0)/Max(P_0))$$

6）偏振相关损耗（Polarization Dependent Loss）

偏振相关损耗是衡量器件性能对于传输光信号偏振态的敏感程度的参量,俗称偏振灵敏度。它是指当传输光信号的偏振态发生 360° 变化时,器件各输出端口输出光功率的最大变化量：

$$PDL_i = -10\lg(Min(P_{0i})/Max(P_{0i}))$$

在实际应用中,光信号偏振态的变化是经常发生的,因此,往往要求器件有足够小的偏振相关损耗,否则将直接影响器件的使用效果。

7)隔离度(Isolation)

隔离度是指光纤耦合器件的某一光路对其他光路中的光信号的隔离能力。隔离度高,也就意味着线路之间的"串话"(crosstalk)小。对于光纤耦合器来说,隔离度更有意义的是反映WDM 器件对不同波长信号的分离能力。其数学表达式是:

$$I = -10 \lg(P_t/P_i)$$

式中,P_t 是某一光路输出端测到的其他光路信号的功率值;P_i 是被检测光信号的输入功率值。

从上述定义可知,隔离度对于分波耦合器的意义更为重大,要求也就相应地要高些,实际工程中往往需要隔离度达到 40 dB 以上的器件;而一般来说,合波耦合器对隔离度的要求并不苛刻,20 dB 左右将不会给实际应用带来明显不利的影响。

(3)波分复用/解复用器与光滤波器

波分复用/解复用器是一种特殊的耦合器,是构成波分复用多信道光波系统的关键器件,其功能是将若干路不同波长的信号复合后送入同一根光纤中传送,或将在同一根光纤中传送的多波长光信号分解后分送给不同的接收机。对利用光纤频带资源,扩展通信系统容量具有重要意义。WDM 器件有多种类型,如熔锥型、光栅型、干涉滤波器型和集成光波导型。

(4)光隔离器

在光纤与半导体激光器的耦合系统中,某些不连续处的反射将影响激光器工作的稳定性。这在高码速光纤通信系统、相干光纤通信系统、频分复用光纤通信系统、光纤 CATV 传输系统以及精密光学测量系统中将带来有害的影响。为了消除这些影响,需要在激光器与光纤之间加光隔离器。光隔离器是一种只允许光线沿光路正向传输的非互易性元件,其工作原理主要是利用磁光晶体的法拉第效应,它由两个线偏振器中间加一法拉第旋转器而成。

(5)光开关

光开关是一种具有一个或多个可选择的传输端口,可对光传输线路或集成光路中的光信号进行相互转换或逻辑操作的器件。端口即指连接于光器件中允许光输入或输出的光纤或光纤连接器。光开关可用于光纤通信系统、光纤网络系统、光纤测量系统或仪器以及光纤传感系统,起到开关切换作用。

根据其工作原理,光开关可分为机械式和非机械式两大类。机械式光开关靠光纤或光学元件移动,使光路发生改变。它的优点是:插入损耗较低,一般不大于 2 dB;隔离度高,一般大于 45 dB;不受偏振和波长的影响。不足之处是:开关时间较长,一般为毫秒数量级,有的还存在回跳抖动和重复性较差的问题。机械式光开关又可细分为移动光纤、移动套管、移动准直器、移动反光镜、移动棱镜、移动耦合器等种类。非机械式光开关则依靠电光效应、磁光效应、声光效应以及热光效应来改变波导折射率,使光路发生改变,它是近年来非常热门的研究课题。这类开关的优点是:开关时间短,达到毫微秒数量级甚至更低;体积小,便于光集成或光电集成。不足之处是插入损耗大,隔离度低,只有 20 dB 左右。

光开关在光学性能方面的特性参数主要有插入损耗、回波损耗、隔离度、远端串扰、近端串扰、工作波长、消光比、开关时间等。

插入损耗定义为输入和输出端口之间光功率的减少,以分贝来表示。$I_L = -10 \lg(P_1/P_0)$。式中,P_0 为进入输入端的光功率;P_1 为输出端接收的光功率。插入损耗与开关的状态有关。

回波损耗(也称为反射损耗或反射率)定义为从输入端返回的光功率与输入光功率的比值,以分贝表示:$R_L = -10 \lg(P_1/P_0)$。式中,P_0 为进入输入端的光功率;P_1 为在输入端口接收到的返回光功率。回波损耗也与开关的状态有关。

隔离度定义为两个相隔离输出端口光功率的比值,以分贝来表示。$I_{n,m} = -10 \lg(P_{in}/P_{im})$。式中,n、m 为开关的两个隔离端口(n≠m);$P_{in}$ 是光从 i 端口输入时 n 端口的输出光功率,P_{im} 是光从 i 端口输入时在 m 端口测得的光功率。

远端串扰定义为光开关的接通端口的输出光功率与串入另一端口的输出光功率的比值。$FC_{12} = -10 \lg(P_1/P_2)$。式中,$P_1$ 是从端口 1 输出的光功率;P_2 是从端口 2 输出的光功率。

近端串扰定义为当其他端口接终端匹配时,连接的端口与另一个名义上是隔离的端口的光功率之比。$NC_{12} = -10 \lg(P_2/P_1)$。式中,$P_1$ 是输入到端口 1 的光功率,P_2 是端口 2 接收到的光功率。

消光比定义为两个端口处于导通和非导通状态的插入损耗之差。$ER_{nm} = IL_{nm} - IL_{0nm}$。式中,$IL_{nm}$ 为 n,m 端口导通时的插入损耗;IL_{0nm} 为非导通状态的插入损耗。

开关时间指开关端口从某一初始态转为通或断所需的时间,开关时间从在开关上施加或撤去转换能量的时刻起测量。

2.17.3　实验仪器

实验装置如图 2.17.1 和图 2.17.2 所示。

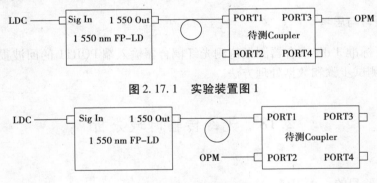

图 2.17.1　实验装置图 1

图 2.17.2　实验装置图 2

2.17.4　实验内容及步骤

①测试光路准备:

a. 按图 2.17.1 所示结构连接 1 550 nm 半导体激光器、单模光纤耦合器、OPM 和主机,暂将 1 550 nm 半导体激光器输出直接连接至 OPM 输入,检查无误后打开电源。

b. 设置 OPM 工作模式为 OPM/dBm,量程(RTO)切换至 0 dBm。

c. 设置 LD1 工作模式(MOD)为恒流驱动(ACC),1 550 nm 激光器为恒定电流工作模式,调节驱动电流(I_c)至输出功率为 -7.0 dBm(0.2 mW)附近,记录光功率值 P_i。

d. 连接 1 550 nm 激光器输出(1 550 Out)至待测光纤耦合器输入端(PORT1)。

②将待测光纤耦合器输出端 PORT3 连接至 OPM 输入,记录该端口输出光功率 P_{o1},计算光纤耦合器插入损耗 IL_1。

③绕轴向缓慢旋转待测光纤耦合器输入端光纤,记录该端口输出光功率 P_{o1} 的最小值 Min(P_{o1})和最大值 Max(P_{o1}),计算光纤耦合器偏振依赖损耗 PDL_1。

④将待测光纤耦合器输出端 PORT4 连接至 OPM 输入,记录该端口输出光功率 P_{o2},计算光纤耦合器插入损耗 IL_2。

⑤绕轴向缓慢旋转待测光纤耦合器输入端光纤,记录该端口输出光功率 P_{o2} 的最小值 Min(P_{o2})和最大值 Max(P_{o2}),计算光纤耦合器偏振依赖损耗 PDL_2。

⑥计算光纤耦合器分光比 CR。

⑦计算光纤耦合器附加损耗 EL。

⑧按图 2.17.2 所示结构将待测光纤耦合器输入端 PORT2 连接至 OPM 输入。待测光纤耦合器输出端 PORT3 和 PORT4 分别连接一根光跳线,每根光跳线均在手指上绕 5 圈,使得 PORT3 和 PORT4 的输出光功率在两跳线中极大衰耗,最终减小其反射光对方向性测量的影响。设置 OPM 至合适量程(RTO),记录该端口反向输出光功率 P_{i2},计算光纤耦合器方向性 DL。

2.17.5　注意事项

①系统上电后禁止将光纤连接器对准人眼,以免灼伤。

②光纤连接器陶瓷插芯表面光洁度要求极高,除专用清洁布外禁止用手触摸或接触硬物。空置的光纤连接器端子必须插上护套。

③所有光纤均不可过于弯曲,除特殊测试外其曲率半径应大于 30 mm。

2.17.6　预习与思考

如何借助于标准 3 dB 耦合器测量待测光纤耦合器输入端 PORT1 的回波损耗?请画出测试光路,并写出测试步骤和数据处理方法。

2.18　光纤传输时域分析

2.18.1　实验目的

①了解光波系统中光信号的传输特性。

②掌握光纤时域反射法的工作原理和测量方法。

2.18.2　实验原理

光纤时域反射测量(OTDR)是光纤通信领域非常重要的测量技术。OTDR 首先发射光脉冲进入光纤,光脉冲在光纤内传输时,会由于光纤本身的性质、连接器、接合点、弯曲或其他类似的事件而产生散射和反射,通过对返回光的强度及时间特征进行分析可以测知光纤介质的传输特性。OTDR 典型的测试波形如图 2.18.1 所示。

OTDR 使用瑞利散射和菲涅尔反射来表征光纤的特性。瑞利散射是由于光信号沿着光纤产生无规律的散射而形成,这些背向散射信号表明了光纤导致的衰减(损耗/距离)程度,形成的轨迹是一条向下的曲线。给定光纤参数和波长,瑞利散射的功率与信号的脉冲宽度成比例,脉冲宽度越长,背向散射功率就越强。瑞利散射的功率还与发射信号的波长有关,波长较短则功率较强。在高波长区(超过 1 500 nm),瑞利散射会持续减小,但红外吸收的现象会出现,增加并导致了全部衰减值的增大。1 550 nm 波长的 OTDR 具有最低的衰减性能,可以进行长距离的测试,高衰减的 1 310 nm 或 1 625 nm 波长,OTDR 的测试距离受到限制。

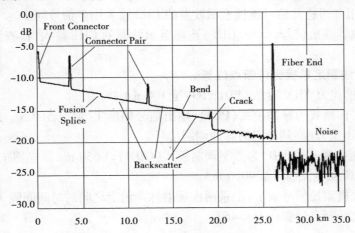

图 2.18.1　光纤时域反射测量测试波形

菲涅尔反射是离散的反射,它是由整条光纤中的个别点而引起的。这些点是由造成反向系数改变的因素组成,例如玻璃与空气的间隙。在这些点上,会有很强的背向散射光被反射回来。OTDR 利用菲涅尔反射的信息来定位连接点,光纤终端或断点,通过发射信号到返回信号所用的时间以及光在玻璃物质中的速度,可以计算出距离。

2.18.3　实验装置

光纤时域反射测量实验装置如图 2.18.2 所示。

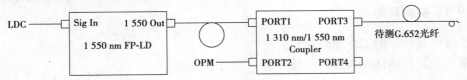

图 2.18.2　光纤时域反射测量实验装置

2.18.4　注意事项

①系统上电后禁止将光纤连接器对准人眼,以免灼伤。

②光纤连接器陶瓷插芯表面光洁度要求极高,除专用清洁布外禁止用手触摸或接触硬物。空置的光纤连接器端子必须插上护套。

③所有光纤均不可过于弯曲,除特殊测试外其曲率半径应大于 30 mm。

2.18.5　实验内容及步骤

(1)测试光路准备

①按图 2.18.2 所示结构连接 1 550 nm 半导体激光器、InGaAsPIN 光电二极管、模拟接收

器（COD. IN）、单模光纤耦合器、待测 G.652 单模光纤和主机。

②将单模光纤耦合器输出端 PORT4 连接一根 FC/APC-FC/PC 光跳线，将待测 G.652 单模光纤末端连接一根 FC/APC-PC 光跳线。

③将函数信号发生器输出（SIG）连接至半导体激光控制器 LD1 的调制信号输入端（MOD1），同时使用三通将此信号连接至示波器的 CH2 输入用于信号同步。

④将模拟接收器输出信号（COD. OUT）连接至示波器的 CH1 输入，检查无误后打开系统电源。

（2）时域反射法测定单模光纤断点位置

①设置 COD 模式为 ARX，量程（PD1RTO）至 100 μA 挡。

②设置 SIG 工作模式为脉冲模式（PUS），输出信号幅度 Vs 调至 5.0 V。调节示波器同步 CH1 输入，上升沿出发，观察到稳定的脉冲调制信号。

③设置 LD2 工作模式（MOD）为数字调制模式（ODM），1 550 nm 激光器工作于 5 kHz 脉冲模式下，调节 LD2 驱动电流（I_c）至 40.0 mA。

④观察光接收机监控信号波形，记录两次反射脉冲前沿之间的时间间隔 T_R。

⑤计算单模光纤断点位置（$n = 1.46$）。

2.18.6 预习与思考

①简述 OTDR 的工作原理。

②如何用 OTDR 测量光纤故障位置。

2.19 电光调制

2.19.1 实验目的

①了解电光调制的工作原理及相关特性。

②掌握电光晶体性能参数的测量方法。

2.19.2 实验仪器

频率计、边限振荡器、稳流电源、螺线管、移相器、调压器和示波器。

2.19.3 实验原理

某些光学介质受到外电场作用时，它的折射率将随着外电场变化，介电系数和折射率都与方向有关，在光学性质上变为各向异性，这就是电光效应。电光效应有两种：一种是折射率的变化量与外电场强度的一次方成比例，称为泡克耳斯（Pockels）效应；另一种是折射率的变化量与外电场强度的二次方成比例，称为克尔（Kerr）效应。利用克尔效应制成的调制器，称为克尔盒，其中的光学介质为具有电光效应的液体有机化合物。利用泡克耳斯效应制成的调制器，称为泡克耳斯盒，其中的光学介质为非中心对称的压电晶体。泡克耳斯盒又有纵向调制器和横向调制器两种，图 2.19.1 是几种电光调制器的基本结构形式。

当不给克尔盒加电压时,盒中的介质是透明的,各向同性的非偏振光经过 P 后变为振动方向平行 P 光轴的平面偏振光。通过克尔盒时不改变振动方向。到达 Q 时,因光的振动方向垂直于 Q 光轴而被阻挡(P、Q 分别为起偏器和检偏器,安装时,它们的光轴彼此垂直。所以 Q 没有光输出;给克尔盒加以电压时,盒中的介质则因有外电场的作用而具有单轴晶体的光学性质,光轴的方向平行于电场。这时,通过它的平面偏振光则改变其振动方向。所以,经过起偏器 P 产生的平面偏振光,通过克尔盒后,振动方向就不再与 Q 光轴垂直,而是在 Q 光轴方向上有光振动的分量,所以,此时 Q 就有光输出了。Q 的光输出强弱,与盒中的介质性质、几何尺寸、外加电压大小等因素有关。对于结构已确定的克尔盒来说,如果外加电压是周期性变化的,则 Q 的光输出必然也是周期性变化的。由此实现了对光的调制。

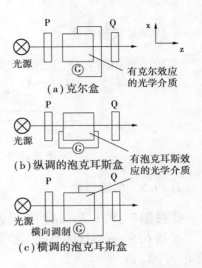

(a) 克尔盒

(b) 纵调的泡克耳斯盒

(c) 横调的泡克耳斯盒

图 2.19.1　几种电光调制器的基本结构形式

　　泡克耳斯盒里所装的是具有泡克耳斯效应的电光晶体,它的自然状态就有单轴晶体的光学性质。安装时,应使晶体的光轴平行于入射光线。因此,纵向调制的泡克耳斯盒,电场平行于光轴;横向调制的泡克耳斯盒,电场垂直于光轴。二者比较,横调的两电极间距离短,所需的电压低,而且可采用两块相同的晶体来补偿因温度因素所引起的自然双折射,但横调的泡克耳斯盒的调制效果不如纵调的好,目前这两种形式的器件都很常用。

　　纵调的泡克耳斯电光调制器如图 2.19.2 所示。在不给泡克耳斯盒加电压时,由于 P 产生的平面偏振光平行于光轴方向入射于晶体,所以它在晶体中不产生双折射,也不分解为 o、e 光。当光离开晶体达到 Q 时,光的振动方向没变,仍平行于 M。因 M 垂直于 N,故入射光被 Q 完全阻挡,Q 无光输出。当给泡克耳斯盒加以电压时,电场会使晶体感应出一个新的光轴 OG。OG 的方向发生于同电场方向相垂直的平面内。由于这种电感应,便使晶体产生了一个附加的各向异性。使晶体对于振动方向平行于 OG 和垂直于 OG 的两种偏振光的折射率不同,因此这两种光在晶体中的传播速度也就不同。当它们达到晶体的出射端时,它们之间则存在着一定的相位差。合成后,总光线的振动方向就不再与 Q 的光轴 N 垂直,而是在 N 方向上有分量,因此,这时 Q 则有光输出。泡克耳斯效应的时间响应也特别快,而且 ϕ 与 U 成线性关系,所以多用泡克耳斯盒来作电光调制器。

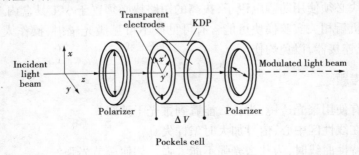

图 2.19.2　纵调的泡克耳斯电光调制器

2.19.4　实验内容

实验装置如图 2.19.3 所示。

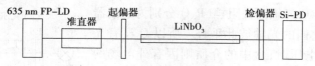

图 2.19.3　LiNbO₃晶体静态特性曲线测量光路图

2.19.5　实验步骤

①按图 2.19.3 所示结构放置各光学器件,并调节支架高度至各光学器件等高同轴。

②将 635 nm 半导体激光器控制电缆连接至 LD1,设置 LD1 工作模式为 ACC,设置驱动电流 I_c 为 30 mA。

③将 LiNbO₃晶体控制电压驱动端连接至高压信号源输出 HV + 和 HV −。

④将 Si-PD 信号输出连接至 PD. IN,测量时注意选择合适量程。

⑤将 LiNbO₃晶体从测试光路中移开,将起偏器偏振方向调至与水平面成 45°,将检偏器调至与其正交。再将 LiNbO₃晶体放回测试光路,调节其空间位置和倾斜角度,使入射光束与其表面垂直。

⑥从 0 V 开始设置 HVS 输出电压 V,记录 PD 读数 P。

⑦0 ~ 400 V 每隔 10 V 测一个点,记录相应的电压 V 和光强 P,测量完毕后 HVS 置零。

⑧保持光路不变,将 HV + 和 HV − 端口处两线交换。

⑨0 ~ 400 V 每隔 10 V 测一个点,记录相应的电压 V 和光强 P,测量完毕后 HVS 置零。

⑩重复上述过程两次,共测得三组数据。

⑪对各电压处的光强数据求平均,并作归一化处理,求得相对光强 I,作 I—V 曲线,求该 LiNbO₃晶体半波电压。

2.19.6　注意事项

①所有线路连接无误后方可打开主机电源,连接或断开相关模块的连接电缆前必须关闭电源。

②实验电路板下方不要有金属异物,谨防短路。

③插拔短路块必须使用防静电镊子,拔离的短路块必须置于小工具盒内。

④本仪器开机后相关实验模块可能含有可见或不可见激光辐射,操作人员不可直视各发光器件、光纤头或连接器,以免灼伤。

2.19.7　思考题

①本实验没有使用聚光透镜,为什么能看到锥光干涉图?

②工作点选在线性区中心,信号加大时怎样失真?

③测定输出特性曲线时,为什么光强不能太强? 如何调节光强?

2.20 LED 光色电参数测定

【背景简介】

近年来,随着 LED 的发展,以及人们对能源和环境问题的重视,实现节能环保的照明技术越来越多地受到人们的关注。然而白光 LED 就是一种很好的替代白炽灯、气体放电等的一种新型照明光源,它具有寿命长、成本低、能源耗用少等特点。然而对生产出来的 LED 或者白光 LED 判断其光学特性以及电学特性的好坏,这就需要用到专门的测试仪器来加以测试,也就是本实验讲到的光色电参数测定实验。

2.20.1 实验目的

①掌握 LED 各个光色参数含义及物理意义。
②掌握 LED 各个电参数含义及物理意义。
③掌握 LED 光色电性能测量的方法。

2.20.2 实验原理

对于 LED 光性能,主要通过 LED 的光通量、光亮度、光强度、发光效率、色温、色坐标、主波长、峰值波长、平均波长、光辐射功率、显色指数、半强角度等来描述;对于 LED 的电性能参数,主要通过 LED 的正向直流电流、正向直流电压、反向漏电流和反向漏电压等参数来描述。

(1)各个光性能参数的概念及物理意义

①光通量:表示 LED 在单位时间内向周围空间内辐射出人眼产生感觉的能量,表征的符号为 Φ,国际通用的光通量的单位是流明(lm)。

②光亮度:表示发光面明亮程度,指发光表面在指定方向的发光强度与垂直于指定方向的发光面的面积之比,单位是坎德拉/平方米。

③光强度:表征 LED 在指定立体角(球面度 SR)内辐射的光通量。这两者的商即为发光强度,表征的符号为 I,其国际通用的光强度单位是坎德拉(cd)。

④发光效率:表征器件电光转换的能力,一般用流明效率表示,即

$$流明效率 \eta = \frac{发出光的总光通量}{加在 LED 两端的电功率(I_F \times V_F)}$$

⑤色温:光源发射的光与黑体在某一温度下辐射的光颜色最接近,则黑体的温度就称为该光源发射的光的相关色温,单位为 K。

色温与色坐标有着紧密的联系,一个色坐标(x,y)值对应一个色温值。色温的确定可以根据相关色温公式(McCamy,1992)进行计算,即

$$T_c = -437n^3 + 3\ 601n^2 - 6\ 831n + 5\ 514.31$$

其中,$n = \dfrac{x - 0.3320}{y - 0.1858}$,$x,y$ 为色坐标。

⑥色坐标:1931 年 CIE 建立了以三原色为基础的"CIE1931-XYZ 色度系统",X、Y、Z 分别代表红色、绿色、蓝色,光谱三刺激值如图 2.20.1 所示。三原色的坐标为:

$$X = K_m \int_{380}^{780} P_\lambda \bar{x}(\lambda)\,\mathrm{d}\lambda$$

$$Y = K_m \int_{380}^{780} P_\lambda \bar{y}(\lambda)\,\mathrm{d}\lambda$$

$$Z = K_m \int_{380}^{780} P_\lambda \bar{z}(\lambda)\,\mathrm{d}\lambda$$

式中,$K_m = 683$ lm/W 为常数,P_λ 为光谱功率(能量)分布,$\bar{x}(\lambda)$、$\bar{y}(\lambda)$、$\bar{z}(\lambda)$ 为光谱三刺激值。通过光色电综合测量系统测得白光 LED 的光谱功率分布,结合光谱三刺激值,就可以得到与之对应的色度坐标值如图 2.20.2 所示,则白光 LED 的色度坐标为:

$$x = \frac{X}{X + Y + Z}, \quad y = \frac{Y}{X + Y + Z}, \quad z = 1 - x - y$$

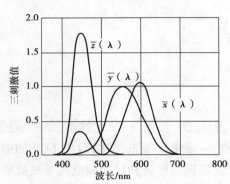

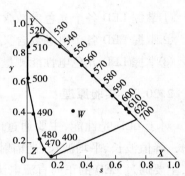

图 2.20.1　CIE1931-XYZ 系统标准色度观察者光谱三刺激值　　　图 2.20.2　CIE1931-XYZ 系统色度图

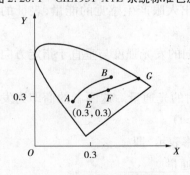

图 2.20.3　主波长示意图

⑦主波长:如图 2.20.3 所示的色品图,图中 AB 为黑体轨迹。设 F 点为某一光源在色品图中的坐标,E 点为理想的白光的参考光源点,坐标为 $(x, y) = (0.3, 0.3)$。由 E 点连接 F 点并延长交于 G 点,则 G 点对应的单色光波长即称为 F 点光源的主波长。

如图 2.20.3 所示,$P_c = EF/EG$。易知,P_c 越接近 1,色纯度越高。

⑧峰值波长:光谱发光强度或辐射功率最大处所对应的波长。它是一个纯粹的物理量,一般应用于波形比较对称的单色光的检测。

⑨平均波长:某一波长左右两边光谱所占的能量相等,则该波长称为平均波长。

⑩光辐射功率:辐射通量又常称为辐射功率(radiantpower)Pe,是辐射源发射,传输和接收的功率,单位为瓦(W),如以 t 表示时间,辐射通量定义为:

$$\varPhi e = \mathrm{d}Qe/\mathrm{d}t$$

⑪显色指数:要求出白光 LED 的显色指数必须先得到其特殊显色指数 R_i。特殊显色指数

R_i 可由下式计算得到：

$$R_i = 100 - 4.6\Delta E_i$$

式中，ΔE_i 的单位为 NBS 色差单位，4.6 是规定参照照明体的显色指数为 100 且标准荧光灯的显色指数为 50 时的调整系数。由于 LED 显色指数对其特殊显色指数求算术平均得到，即

$$R_a = \frac{1}{8} \sum_{i=1}^{8} R_i$$

目前，LED 参数测量方法在国内外仍处于探讨当中，国际 CIE 和 IEC 均在做测试工作，以进一步完善 LED 参数测试方法。

⑫半强角度：是指 LED 光源中心法线向四周张开，中心光强 I 衰减 50% 之间的夹角，即为半强角度 $\frac{1}{2}\theta$，如图 2.20.4 所示。

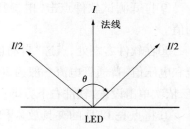

图 2.20.4　光源的半强度角

（2）各个电性能参数的概念及物理意义

①正向工作电流 I_F：由于正向的电压变化不大，所以正向电流变化时，一方面耗散功率的变化，另一方面会引起发光强度的变化。因此，可以通过正向工作电流说明器件的发光强度，或者就把它作为发光强度的一种间接表示。

②正向工作电压 V_F：一般指在一定的正向工作电流条件下的正向压降。V_F 随 I_F 的变化而稍有变化，其值也与温度有关，随着温度的上升 V_F 有所下降。V_F 之值视 LED 器件所用的半导体材料的不同而不同，一般为 1.4 ~ 4 V。

③反向漏电流 I_R：LED 器件处于反偏置时的漏电流。按 LED 的常规规定，习惯指反向电压在 5 V 时的反向漏电流。

④反向电压 V_R：当反向偏压一直增加使 V 大于 V_R 时，则出现 I_R 突然增加而出现击穿现象。由于所用半导体化合物材料种类不同，各种 LED 的反向电压 V_R 也不同。

2.20.3　实验仪器

实验所使用的测试仪器为 SSP6612 光色电参数测量仪。SSP6612 光色电参数综合测试仪是专用于测量各种 LED 及其应用器件的光、色、电参数的综合测试仪器，根据 CIE127 推荐的测量条件设计制造。

2.20.4　实验步骤

①首先检查安装要用的系统配套硬件是否备齐。

②用电源线连接主机后面板"电源输入"与插座。

③用串口线将计算机串行通信口和主机后面板"串行接口"相连。

④将探测器旋紧在套筒顶端，接线插入主机"光强信号输入"口。

⑤将探测器与积分球接口连接，接线插入"光通量信号输入"口。

⑥将光纤固定套管旋于积分球光输出口，把光纤一端插入主机"光信号输入"处，根据光

纤接头处的记号使其正面朝上固紧,另一端插入固定在积分球的固定套管内。

⑦将测量夹具连接到主机"恒流输出"接口处,把积分球放置夹具的套筒固定,以便测量时的定位。

⑧确认所有连接正确,打开主机电源开关,指示灯亮表示正常。

⑨打开测试软件点击"电参数设置项",在电流挡位、漏流挡位、电源电压处选择设定适当的值。

⑩在软件右端处,点选"自动量程"和"循环测试",并在正向电流、反向电压处设定适合的电流和电压值(普通管电流一般为 20 mA,大功率管一般为 350 mA)。将待测 LED 放入相应夹具点亮,依次单击设置,软件右下方即可显示对应的正向电压和反向漏电流值,电参数测量完成。

⑪将点亮 LED 的夹具放入积分球。此时"曝光时间"会自动调节到合适的数值,待软件上方光谱内能量曲线显示较稳定时,将"自动量程"去掉。此时曲线下方显示相应参数的测量结果,单击"保存数据"即可将测量结果保存到数据库中。

⑫将正向电流从 2 mA 变化到 20 mA,测量各个电流值下光参数和电参数的变化记录在表 2.20.1 中,并作出光通量和正向电压随电流的变化关系曲线。

表 2.20.1

参数 \ 电流	2	4	6	8	10	12	14	16	18	20
正向电压 V_F										
反向漏流 I_R										
电功率 E_P										
黄色度 Y_I										
红色比 R										
光通量										
光效率										
色坐标 (x,y)										
色坐标 (u,v)										
色纯度 P_e										
色温 T_c										
主波长 λ_d										
峰值波长 λ_p										
峰值带宽 $\Delta\lambda$										
能量比										
显色指数										

2.20.5　思考题

①简述白光 LED 的发光原理。

②LED 主波长、峰值波长、平均波长的关系和区别是什么？各自的物理意义是什么？

2.21　阿贝成像原理和空间滤波

【背景简介】

　　1874 年,阿贝(E. Abbe,1840—1905)在研究如何提高显微镜的分辨本领问题时,提出了相干成像的原理。他提出显微镜(物镜)两步成像的原理本质上就是两次傅立叶变换:①从物体发出的光发生夫琅和费衍射,在透镜的像方焦平面上形成其傅立叶频谱图;②像方焦平面上频谱图各发光点发出的球面次级波在像平面上相干叠加形成物体的像。

　　阿贝成像原理被认为是现代傅立叶光学的开端,是现代光学信息处理的理论基础,空间滤波实验是基于阿贝成像原理的光学信息处理方法。

2.21.1　实验目的

①掌握在相干光条件下调节多透镜系统的共轴。

②了解透镜孔径对成像的影响和两种简单的空间滤波。

③验证和演示阿贝成像原理,加深对空间频谱和空间滤波概念的理解。

④初步了解简单的空间滤波在光信息处理中的实际应用。

2.21.2　实验原理

(1)阿贝成像原理

　　阿贝提出的二次衍射成像过程,经过计算可以证明实质上是以复振幅分布描述的物光函数 $U(x,y)$,经傅立叶变换成为焦平面(频谱面)上按空间频谱分布的复振幅——频谱函数 $U'(v_x,v_y)$。频谱函数再经傅立叶逆变换即可获得像平面上的复振幅分布——像函数 $U''(x'',y'')$。也就是说,透镜本身就具有实现傅立叶变换的功能。

　　为便于说明这两步傅立叶变换,先以熟知的一维光栅做物,考察其刻痕经凸透镜成像情况,如图 2.21.1 所示。当单色平行光束透过置于物平面 xoy 上的光栅(刻痕顺着 y 轴,垂直于 x 轴)后,衍射出沿不同方向传播的平行光束,其波阵面垂直于 xoz 面(z 沿透镜光轴),经透镜聚焦,在其焦平面 $x'o'y'$ 上形成沿 x' 轴分布的各具不同强度的衍射斑,继而从各斑点发出的球面光波到达像平面 $x''o''y''$,相干叠加形成的光强分布就是光栅刻痕的放大实像。

　　但由于透镜的孔径是有限的,总有一部分衍射角度较大的高频信息不能进入物镜而被丢弃。故物所包含的超过一定空间频率的成分就不能包含在像上。高频信息主要反映物的细节。如果高频信息没有到达像平面,则无论显微镜有多大的放大倍数,也不能在像平面上分辨这些细节。这是显微镜分辨率受到限制的根本原因。特别是当物的结构非常精细(如很密的光栅),或物镜孔径非常小时,有可能只有 0 级衍射(直流成分)能通过,则在像平面上只有光斑而完全不能形成图像。

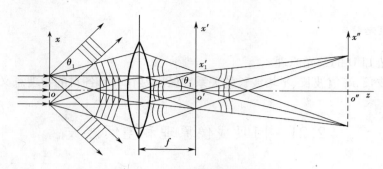

图 2.21.1　阿贝成像的两个步骤

（2）空间滤波

根据上面的讨论，可知显微镜中的物镜的孔径实际上起了高频滤波（即低通滤波）的作用。因此，如果在焦平面上人为地插上一些滤波器以改变焦平面上的光振幅和位相，就可以根据需要改变像平面上的频谱，这就是空间滤波。最简单的滤波器就是一些特殊形状的光栏。将这种光栏放在频谱面上，使一部分频率分量能通过，而挡住其他的频率分量，从而使像平面上的图像中的一部分频率分量得到相对加强。下面介绍几种常用的滤波方法：

1）低通滤波

低通滤波是滤去高频成分，保留低频成分。低通滤波器就是一个圆形光孔。由于图像的精细结构及突变部分主要取决于高频成分，故经低通滤波后图像的精细结构消失，黑白突变处变模糊。

2）高通滤波

高通滤波是滤去低频成分，保留高频成分。高频信息反映了图像的突变部分。如果所处理的图像由透明和不透明部分组成，则经过高通滤波的处理，图像的轮廓（及相应于物的透光和不透光的交界处）应显得特别明显。

3）方向滤波

滤波器可以是一个狭缝。如果将狭缝放在沿水平方向，则只有水平方向的衍射的物面信息能通过。在像平面上就突出了垂直方向的线条。方向滤波器有时也可制成扇形。

2.21.3　实验仪器

光学平台或光具座、氦氖激光器、薄透镜、扩束镜、狭缝、光栅（一维、正交等）、"物"模板、各种滤波用光栏、金属纱网、方格纸屏、游标卡尺等。

2.21.4　注意事项

①请勿用手触摸透镜表面，光学元件要轻拿轻放。

②注意 L_1、L_2 相对位置调解，保证从 L_2 出射光束为平行光束，如图 2.21.2 所示。

2.21.5　实验内容及步骤

（1）依照图 2.21.2 调节光路

①调激光管的俯仰角和转角，使光束平行于光学平台水平面。

②加上 L_1 和 L_2，调共轴和相对位置，使通过该系统的光束为平行光束（可用直尺检查）。

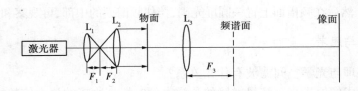

图 2.21.2　实验光路图

③加上物(带交叉栅格的"光"字)和透镜 L_3,调共轴和 L_3 位置,在 $3 \sim 4$ m 以外的光屏上找到清晰的像之后,定下物和 L_3 的位置(此时物位接近 L_3 的前焦面)。

(2)观测一维光栅的频谱

①在物面上放置一维光栅,用纸屏在 L_3 的后焦面附近缓慢移动,确定频谱光点最清晰的位置,锁定纸屏座。

②用大头针尖扎透 0 级和 ± 1,$\pm 2 \cdots$ 级衍射光点的中心,按表 2.21.1 的要求选择通过不同频率成分,分别观察并记录像面上成像的特点及条纹间距,并作简要解释。

③然后关闭激光器,用读数显微镜测量各级光点与 0 级光点间的距离 $\pm x_1$,$\pm x_2$,$\cdots$,利用式 $f_x = x_f/l_f$,$f_y = y_f/l_f$ 求出相应各空间频率 f_{x1},f_{x2},$\cdots$,并由基频 $f_{x1} = 1/d$ 求出光栅常量 d。

表 2.21.1

顺序	频谱成分	成像情况及解释
1	全部	
2	0 级	
3	0,± 1 级	
4	0,± 2 级	
5	除 0 级以外	

(3)方向滤波

①将一维光栅换成二维正交光栅,在频谱面观察这种光栅的频谱。从像面上观察它的放大像,并测出栅格间距。

②在频谱面上安置一个可转动的狭缝光阑,先后只让含零级的垂直、水平和与光轴成 45° 的一排光点通过,观察并记录像面上图像的变化,测量像中栅格的间距并作简要解释。

(4)空间滤波

1)低通滤波

①将一个网格字屏(如透明的"光"字内有叠加的网格)放在物平面上,如图 2.21.3(a)所示,从像平面上接收放大像。字内网格可用周期性空间函数表示,它的频谱是有规律排列的分立点阵,而字形是非周期性的低频信号,它的频谱是连续的。

②把一个可变圆孔光阑放在频谱面上,使圆孔由大变小,直到像面网格消失为止,字形仍然存在。试作简单解释。

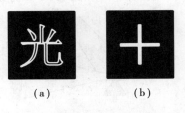

(a)　　　　(b)

图 2.21.3　透字光屏

2)高通滤波

将一个透光十字屏放在物平面上,从像平面观察放大像,如图 2.21.3 所示。然后在频谱面上置一圆屏光阑,挡住频谱面的中部,再观察和记录像面变化。

2.21.6　预习与思考

①阿贝成像原理与光学空间滤波有什么关系?

②如何从阿贝成像原理来理解显微镜的分辨本领? 提高物镜的放大倍数能够提高显微镜的分辨本领吗?

③单色光通过透镜前焦面上的 100 条线/mm 光栅,在后焦面上得到一排衍射极大。已知透镜焦距为 5 cm,波长 632.8 nm,其相应的空间频率是多少? 后焦面上两个相邻极大值间的距离是多少?

2.22　白光再现全息图的拍摄

【背景简介】

白光记录的全息术在国外已有一定的发展,但由于光路过于复杂,且白光激光器的使用受到一定的限制,所以还达不到实用阶段。由于激光记录白光再现的光路简单,而且效果较好,所以在各个领域都有较高的应用价值。基于这一点,对白光再现全息术进行了实验研究,以寻找最简、最佳的实用方法。

2.22.1　实验目的

①熟悉实验室布局和暗室设备,了解全息干版的装夹方法,曝光定时器和各种光学元件支架的调节和使用方法。

②掌握制作像全息图和彩虹全息图的原理及方法。

2.22.2　实验原理

白光全息图是第三代全息图,它的主要特征是激光记录,白光再现。最常见的白光再现全息图有像全息图和彩虹全息图等。

(1) 像全息图

物体靠近记录介质,或利用成像系统使物体成像在记录介质附近,就可以拍摄像全息图。像全息的拍摄方法有一步法和二步法两种,其中一步法还分为透射型和反射型两种。本实验仅介绍一步像全息图的制作过程。

1) 透射型一步像全息

图 2.22.1 和图 2.22.2 分别为透射型和反射型一步像全息的原理图。

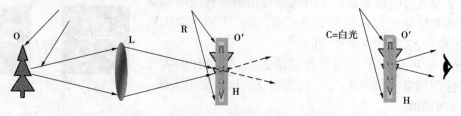

图 2.22.1　透射型一步像全息记录及再现光路图

2）反射型一步像全息

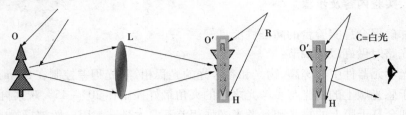

图2.22.2　反射型一步像全息记录及再现光路图

(2)彩虹全息图

彩虹全息是利用记录时在光路的适当位置加狭缝,再现时同时再现狭缝像。观察再现像时,将受到狭缝再现像的限制;当白光照明再现像时,对不同颜色的光,狭缝和物体的再现像位置都不同,在不同位置将看到不同颜色的像,颜色的排列顺序与波长顺序相同,犹如彩虹一样。彩虹全息的拍摄也分为一步法和二步法。本实验仅介绍一步彩虹全息图的制作过程。图2.22.3是一步全息图的原理图。

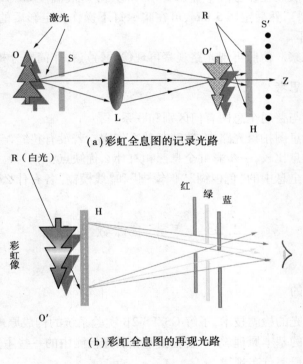

(a)彩虹全息图的记录光路

(b)彩虹全息图的再现光路

图2.22.3　彩虹全息图

2.22.3　实验仪器

防震光学平台、氦氖激光器、曝光定时器及快门、扩束透镜(两个)、分束器、反射镜(两个)、全息Ⅰ型干版、D19显影液和F15定影液及暗房设备。

注意:眼睛绝不可直视未扩束的激光束,以免造成视网膜的永久损伤。

2.22.4 实验内容及步骤

①检查并确保全息实验台的防震性能良好。

②布置光路时做好以下调节：

a. 使各光学元器件中心等高,物光和参考光的光程相等(光程差控制在 3 cm 以内)。

b. 投射于感光版上的物光与参考光之间的夹角最好控制在20°~45°,观察再现像。

c. 照射到全息干版上的物光和参考光光强相差不要太悬殊。因一般被摄物的漫反射率不高,投射到干板上的物光就相对偏弱,所以一般选择95∶5的分束器,让较强的光照在物体上。

③曝光和冲洗按以下步骤进行：

a. 接通曝光定时器,选定曝光时间。使用 1~2 mW 的激光器,预定曝光时间40 s 左右,视物的大小及其反射本领酌情增减。

b. 在黑暗中或较远处的暗绿色安全灯下把全息干版夹在干版架上(必须是感光乳剂面朝向被摄物体)。接通激光器电源,保持一两分钟后即可进行曝光。

c. 把感光后的干版放在显影液中显影 2~3 min(显影液温度20 ℃),再放入停显液中约 20 s(或用清水漂一漂),然后定影 5 min,可在暗绿灯下操作。定影后的底片应在水池中把残留药液冲洗掉,再晾干。

④波前再现的观察。依照再现光路观察再现像的特点并作简要分析。

2.22.5 预习与思考

①像平面全息图与普通全息图有何区别和联系？

②在一步彩虹全息图拍摄光路中,狭缝起什么作用？若没有狭缝,会得到什么结果？

③与二步彩虹全息比较,一步彩虹全息照相有什么优缺点？

④彩虹全息和像全息中的"色模糊""像模糊"和"线模糊"各有什么特点？

2.23 单光子计数实验

2.23.1 实验目的

①了解这种微弱光的检测技术,了解 GSZFS-2B 实验系统的构成原理。

②了解光子计数的基本原理、基本实验技术和弱光检测中的一些主要问题。

③了解微弱光的概率分布规律。

2.23.2 实验仪器

频率计、边限振荡器、稳流电源、螺线管、移相器、调压器和示波器。

2.23.3 实验背景

光子计数就是光电子计数,是微弱光(低于 10~14 W)信号探测中的一种新技术。它可以探测微弱到以单光子到达时的能量,目前已被广泛应用于拉曼散射探测、医学、生物学、物理学等许多领域里微弱光现象的研究。

　　微弱光检测的方法有:锁频放大技术、锁相放大技术和单光子计数方法。最早发展的锁频原理是使放大器中心频率 f_0 与待测信号频率相同,从而对噪声进行抑制。但这种方法存在中心频率不稳、带宽不能太窄、对待测信号缺乏跟踪能力等缺点。后来发展了锁相放大技术,它利用待测信号和参考信号的互相关检测原理实现对信号的窄带化处理,能有效地抑制噪声,实现对信号的检测和跟踪。但是,当噪声与信号有同样频谱时就无能为力。另外,它还受模拟积分电路漂移的影响,因此在弱光测量中受到一定的限制。单光子计数方法是利用弱光照射下光电倍增管输出电流信号自然离散化的特征,采用了脉冲高度甄别技术和数字计数技术。

2.23.4　实验原理

(1)光子流量和光流强度

光是由光子组成的光子流,单个光子的能量 E_p 与光波频率 v 的关系式为:

$$E_p = h\nu = \frac{hC}{\lambda} \tag{2.23.1}$$

C 为真空中光速,h 为普朗克常量,λ 为光波长,光子流量 R 可用单位时间内通过的光子数表示;光流强度是单位时间内通过的光能量,用光功率 P 表示,单位为 W。单色光的光功率 P 与光子流量 R 的关系式为:

$$P = RE_p \tag{2.23.2}$$

当光流强度小于 10 ~ 16 W 时称为弱光,此时可见光的光子流量可降到 1 ms 内不到一个光子,因此实验中要完成的将是对单个光子进行检测进而得出弱光的光流强度,这就是单光子计数。

(2)PMT 输出信号波形

PMT 是一种从紫外到近红外都有极高灵敏度和超快时间响应的真空电子管类光探测器件,用于各种微弱光的测量。

如图 2.23.1 所示,光阴极上发射出的电子经聚焦和加速打在第一倍增极上面,将在第一倍增极上打出几倍于入射电子数目的二次电子。这些电子被加速后达到第二倍增极上,接连经过几个或十几个倍增极的增殖作用后,电子数目最高可增加到 10^8。最后由阳极收集所有的电子,在阳极回路中形成一个电脉冲信号。

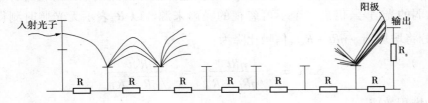

图 2.23.1　PMT 的结构示意图

在非弱光测量中,由于光子流量较大测得的 PMT 输出信号为连续信号。而在弱光测量中,光子流量较小,相邻两光子间的时间间隔可达毫秒量级,阳极回路中输出的是一个个离散的尖脉冲。尽管光信号可以是由一连续发光的光源发出的,而光电倍增管输出的电信号却是一个一个无重叠的尖脉冲,光子流量与这些脉冲的平均计数率成正比。只要用计数的方法测出单位时间内的光电子脉冲数,就相当于检测了光的强度。

(3)单光电子峰

将 PMT 的阳极输出脉冲接到脉冲高度分析器,例如多道分析器做脉冲高度分布分析,可与得到单光电子峰分布,如图 2.23.2 所示。形成原因如下:

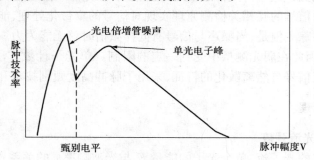

图 2.23.2　PMT 输出的脉冲幅度分布曲线

光阴极发射的电子包括光电子和热发射电子,都受到了所有倍增极增殖,因此它们的幅度接近。各倍增极的热发射电子经受倍增的次数要比光阴极发射的电子经受得少,因此形成的脉冲幅度要低。所以图中脉冲幅度较小的部分重要是热噪声脉冲。各倍增极的倍增系数不是一定值,有一统计分布,大体上遵守泊松分布。所以,如果用脉冲高度甄别器将幅度高于图 2.23.2 中谷点的脉冲加以甄别、输出并计数显示,就可以实现高信噪比的单光子计数,大大提高检测灵敏度。

(4)光子计数器的噪声和信噪比

测量弱信号最关心的是探测信噪比,因此,必须分析光子计数系统中的各种噪声来源。

1)泊松统计噪声

用 PMT 探测热光源发射的电子,相邻的光子达到光阴机上的时间间隔是随机的,对于大量粒子的统计结果服从泊松分布。记载探测上一个光子后的时间间隔 t 内,探测到 n 个光子的概率为 $P(n,t)$,统计噪声固有的信噪比为 $SNR = \sqrt{\eta R t}$。

2)暗计数

PMT 的光阴极及各个倍增极还有热电子发射,即在没有入射光时,还有暗计数。虽然可以用减低管子的工作温度、选用小面积光阴极以及选择最佳的甄别电压等使暗计数 R_d 最小,但对于极微弱的光信号,仍是一个不可忽视的噪声来源。以 R_d 表示无光照时测得的暗记数率,噪声成分将增加到 $\sqrt{\eta R t + R_d t}$,信噪比降为:

$$SNR = \frac{\eta R t}{\sqrt{\eta R t + R_d t}} = \frac{\eta R \sqrt{t}}{\sqrt{\eta R + R_d}} \qquad (2.23.3)$$

3)脉冲堆积效应

分析光子计数器的噪声和计数误差时,除了上述两个重要的因素外,还应考虑脉冲堆积效应,这是计数率较高时的主要误差来源。

4)光子计数系统的信噪比

在光子计数系统中,存在着光阴极和倍增极的热发射等引起的暗计数 R_d。当分别测量暗计数平均值 N_d 和总计数平均值 N_t 的方法测量信号的计数时,测量结果的信噪比为:

$$SNR = \frac{N_t - N_d}{\sqrt{N_t - N_d}} = \frac{\eta R \sqrt{t}}{\sqrt{\eta R + 2R_d}}$$

2.23.5 实验内容

光子计数器由 PMT、放大器、脉冲高度甄别器、计数器等组成。实验中采用天津港东 GSZF-2A 型单光子计数实验系统,示意图如图 2.23.3 所示。

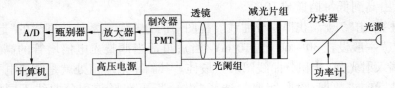

图 2.23.3 实验装置示意图

用于光子计数的 PMT 必须具有适合于实验中工作波段的光谱响应,要有适当的阴极面积,量子效率高,暗记数率低,时间响应快,并且光阴极稳定性高。为了获得较高的稳定性,除尽量采用光阴极面积小的器件外,还采用制冷技术来降低光子的环境温度,以减少各倍增极的热发射电子发射。

放大器的作用是将阳极回路输出的光电子脉冲线性地放大,放大器的增益可根据单光子脉冲的高度和甄别器甄别电平的范围来选定。

脉冲高度甄别器有连续可调的阈电平,即甄别电平。用于光子计数时,可以将甄别电平调节到单光电子峰下限处。这是各倍增极所引起的热噪声脉冲因小于甄别电平而不能通过。经甄别器后只有光阴极形成的光电子脉冲和热电子脉冲输出。

计数器的作用是将甄别器输出的脉冲累积起来并予以显示。

2.23.6 实验步骤

(1)观察不同入射光强光电倍增管的输出波形分布,推算出相应的光功率

①开启 GSZF-2B 单光子计数实验仪"电源",光电倍增管预热 20 ~ 30 min。

②开启"功率测量"在 I_{DV} 量程进行严格调零,开启"光源指示",电流调到 3 ~ 4 mA,读出"功率测量"指示的 P 值。

③开启微机,进入"单光子计数"软件,给光电倍增管提供工作电压,探测器开始工作。

④开启示波器,输入阻抗设置 50 Ω,调节"触发电平"处于扫描最灵敏状态。

⑤打开仪器箱体,在窄带滤光片前按照衰减片的透过率,由大到小的顺序依次添加片子。同时观察示波器上光电倍增管的输出信号,图形应该是由连续谱到离散分立的尖脉冲,和图 2.23.3 相同。注意:每次开启仪器箱体添、减衰减片之后,要轻轻盖好还原,以免受到背景光的干扰。

⑥示波器与微机相连。进入通信模块 3GV 软件,由菜单提示采集不同光强的四帧图形,自己建立一个文档,再推算光功率 P_i。

(2)用示波器观察光电倍增管阳极输出和甄别器输出的脉冲特征,并作比较

①选择入射光强,使光电倍增管输出为离散的单一尖脉冲($P \approx 10^{-13} \sim 10^{1-4}$ W);固定光电倍增管的工作电压;不加制冷处于常温状态;甄别阈值电平置于给定的适当位置。

②分别将放大器"检测 2"和甄别器"检测 1"的输出信号送至示波器的输入端,观察并记录两种信号波形和高度分布特征。

(3)测量光电倍增管输出脉冲幅度分布的积分和微分曲线,确定测量弱光时的最佳阈值(甄别)电平 V_h

①选择光电倍增管输出的光电信号是分立尖脉冲的条件,运行"单光子计数"软件。在模式栏选择"阈值方式";采样参数栏中的"高压"是指光电倍增管的工作电压,1~8 挡分别对应 620~1 320 V,由高到低每挡递减 10%。

②在工具栏单击"开始"获得积分曲线。视图形的分布调整数值范围栏的"起始点"和"终止点","终止点"一般设在 30~60 挡(10 mV/挡);再适当调整光电倍增管的高压挡次(6~8 挡范围)和微调入射光强,让积分曲线图形为最佳。其斜率最小值处就是阈值电平 V_h。

③在菜单栏单击"数据/图形处理",选择"微分",再选择与积分曲线不同的"目的寄存器"运行,就会得到与积分曲线色彩不同微分曲线。其电平最低谷与积分曲线的最小斜率处相对应,由微分曲线更准确地读出 V_h。

④单击"信息",输入每个"寄存器"对应的曲线名称、实验同学姓名,打印附报告。

(4)单光子计数

①由模式栏选择"时间方式",在采样参数栏的"域值"输入前面获取的 V_h 值,数值范围的"终止点"不用设置太大,100~1 000 即可。在工具栏单击"开始",单光子计数。将数值范围的"最大值"设置到单光子数率线的显示区中间为宜。

②如果光源强度 P_1 不变,光子计数率 R_p 基本是一直线;倘若调节光功率 P_1 高、低(增加"变化"这一次),光子计数率也随之高、低变化。这说明:一旦确立阈值甄别电平、测量时间间隔相同,P_1 与 R_p 成正比。记录实验所得最高或最低的光子计数率并推算 P_i 值。

③计算出相应的接收光功率 P_0。

2.23.7 注意事项

①入射光源强度要保持稳定。

②光电倍增管要防止入射强光,光阑筒前至少有窄带滤光片和一个衰减片。

③光电倍增管必须经过长时间工作才能趋于稳定。因此,开机后需要经过充分的预热时间,至少 20~30 min 以上,才能进行实验。

④仪器箱体的开、关动作要轻,以便尽量减少背景光干扰。

⑤半导体致冷装置开机前,一定要先通水,然后再开启致冷电源。如果遇到停水,立即关闭致冷电源,否则将发生严重事故。

2.23.8 思考题

①为什么要确定阈值点?

②简述常温暗计数和制冷暗计数的区别和意义。

③简述高压扫描的意义。

④光子计数引起误差的因素有哪些?

2.24 多功能光栅光谱仪测量钠元素的光谱

【背景简介】

不同元素的原子能级结构各不相同,每种元素的光谱也犹如人的指纹一样具有自己的特征。特别是一种元素都有被称为"住留谱线"(RU 线)特征谱线,如果试样的光谱中出现了某种元素的"住留谱线",这说明试样中含有该元素。

所谓发射光谱,就是物质在高温状态或因受到带电粒子的撞击而激发后直接发出的光谱。由于受激时物质所处的状态不同,发射光谱有不同的形状,在原子状态中为明线光谱,如钠灯、汞、氢氖灯等;在分子状态中为带光谱,如氮放电灯;在炽热的固态、液态或高压主气体中为连续光谱,如钨灯、氙灯等。

2.24.1 实验目的

①熟悉 WGD-8A 型组合式多功能光栅光谱仪的操作方法。

②测量钠元素的发射光谱并对光谱进行简单分析。

③由钠原子光谱确定各光谱项值及能级值,量子缺 Δ。

2.24.2 实验原理

钠原子由一个完整而稳固的原子实和一个价电子组成。原子的化学性质以及光谱规律主要决定于价电子。

与氢原子光谱规律相仿,钠原子光谱线的波数 σ_n 可以表示为两项差:

$$\sigma_n - \sigma_\infty - \frac{R}{n^{*2}} \tag{2.24.1}$$

其中,n^* 为有效量子数。当 n^* 无限大时,$\sigma_n - \sigma_\infty \cdot \sigma_\infty$ 为线系限的波数,钠原子光谱项为:

$$T = \frac{R}{n^{*2}} = \frac{R}{(n-\Delta)^2} \tag{2.24.2}$$

它与氢原子光谱项的差别在于有效量子数 n^* 不是整数,而是主量子数 n 减去一个数值 Δ,即量子修正 Δ,称为量子缺。量子缺是由原子实的极化和价电子在原子实中的贯穿引起的。

钠原子光谱一般可以观察到 4 个谱线系。各谱线系的波数公式为:

①主线系:$\sigma = \dfrac{R}{(3-\Delta_s)^2} - \dfrac{R}{(n-\Delta_p)^2} (n \geqslant 3)$

②锐线系:$\sigma = \dfrac{R}{(3-\Delta_p)^2} - \dfrac{R}{(n-\Delta_s)^2} (n \geqslant 4)$

③漫线系:$\sigma = \dfrac{R}{(3-\Delta_p)^2} - \dfrac{R}{(n-\Delta_d)^2} (n \geqslant 3)$

④基线系:$\sigma = \dfrac{R}{(3-\Delta_d)^2} - \dfrac{R}{(n-\Delta_f)^2} (n \geqslant 4)$ $\tag{2.24.3}$

其中，Δ_s、Δ_p、Δ_d、Δ_f 的下标分别表示角量子数 $l=0$、1、2、3，R 为里德伯常量。

2.24.3 实验仪器

钠光灯；WGD-8A 型组合式多功能光栅光谱仪；光栅光谱仪由光栅单色仪；接收单元；扫描系统；电子放大器；A/D 采集单元；计算机。

2.24.4 注意事项

①光栅光谱仪为精密仪器，使用时请勿乱动。
②光谱仪的狭缝比较脆弱，调节的时候应用轻柔的动作慢慢调节。

2.24.5 实验内容及步骤

①按仪器使用说明书及操作程序绘出钠光谱图并检出其波长值。
②由钠原子光谱确定各光谱项值、能级值及量子缺 Δ。

2.24.6 预习与思考

①实验测得的钠原子的光谱有何特点，与锂元素的光谱相比有何异同？
②实验所得的钠原子的光谱项与能级值有何特点？
③能否设计出用此光谱仪器测出其他原子或分子的光谱？

2.25 发射光谱-荧光光谱测量与分析

【背景简介】

在现代技术中，固体发光在光源、显示、光电子学器件和辐射探测器等方面都有广泛的应用。在物理研究中，发光光谱是研究固体中电子状态、电子跃迁过程以及电子—晶格相互作用等物理问题的一种常用方法。

荧光分析法历史悠久。1867 年，人们就建立了用铝—桑色素体系测定微量铝荧光分析法。到 19 世纪末，已经发现包括荧光素、曙红、多环芳烃等 600 余种荧光化合物。进入 20 世纪 80 年代以来，由于激光、计算机、光导纤维传感技术和电子学新成就等科学新技术的引入，大大推动了荧光分析理论的进步，加速了各式各样新型荧光分析仪器的问世，使之不断朝着高效、痕量、微观和自动化的方向发展，建立了诸如同步、导数、时间分辨和三维荧光光谱等新的荧光分析技术。

2.25.1 实验目的

①了解固体荧光产生的机理和相关的概念。
②熟悉荧光光谱仪的结构和工作原理。
③掌握粉体材料荧光光谱的测量方法。
④初步了解荧光光谱在物质特性分析和实际应用。

2.25.2　实验原理

某些物质受到光照射时,除吸收某种波长的光之外还会发射出比原来所吸收光的波长更长的光,这种现象称为光致发光(photluminescence,PL),所发的光称为荧光。

（1）固体的荧光

1）荧光产生的机理

固体的能级具有带状结构,其结构示意图如图2.25.1 所示。其中被电子填充的最高能带称为价带,未被电子填充的带称为空带(导带),不能被电子填充的带称为禁带。当固体中掺有杂质时,还会在禁带中形成与杂质相关的杂质能级。

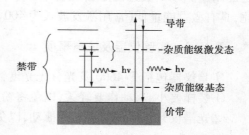

图 2.25.1　固体的能带结构图

当固体受到光照而被激发时,固体中的粒子(原子、离子等)便会从价带(基态)跃进到导带(激发态)的较高能级,然后通过无辐射跃迁回到导带(激发态)的最低能级,最后通过辐射或无辐射跃迁回到价带(基态或能量较低的激发态)。粒子通过辐射跃迁返回到价带(基态或能量较低的激发态)时所发射的光即为荧光,其相应的能量为 $h\nu(h\nu_1)$。

以上荧光产生过程只是众多产生荧光途径中的两个特例。实际上,固体中还有许多可以产生荧光的途径,过程也远比上述过程复杂,有兴趣的同学可参看固体光谱学的有关资料。

荧光光强 I_f 正比于价带(基态)粒子对某一频率激发光的吸收强度 I_α,即有

$$I_f = \Phi I_\alpha \tag{2.25.1}$$

式中,Φ 是荧光量子效率,表示发射荧光光子数与吸收激发光子数之比。若激发光源是稳定的,入射光是平行均匀光,自吸收可忽略不计,则吸收强度 I_α 与激发光强 I_0 成正比,且根据吸收定律可表示为:

$$I_\alpha = I_0 A (1 - e^{-\alpha d N}) \tag{2.25.2}$$

式中,A 为有效受光照面积,d 为吸收光程长,α 为材料的吸收系数,N 为材料中吸收光的离子浓度。

2）荧光辐射光谱和荧光激发光谱

荧光物质都具有两个特征光谱,即辐射光谱或称荧光光谱(fluorescence spectrum)和荧光激发光谱(excitation spectrum)。荧光辐射光谱反映的是材料受光激发时所发射出的某一波长处的荧光能量随激发光波长变化的关系。荧光激发光谱反映的是在一定波长光激发下,材料所发射的荧光能量随其波长变化的关系。前者反映了与辐射跃迁有关的固体材料的特性,而后者则反映了与光吸收有关的固体材料的特性。

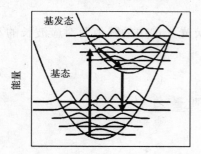

图 2.25.2　位形坐标模型与吸收、发射光过程示意图

荧光辐射谱的峰值波长总是小于荧光激发谱的峰值波长,即产生所谓的斯托克斯位移。产生这种位移的原因可从图 2.25.2 所示的位形坐标图中找到答案。

通过测量和分析荧光材料的两个特征光谱,可以获

得以下几方面的信息：引起发光的复合机制；材料中是否含有未知杂质；材料及杂质或缺陷的能级结构。

（2）LED 荧光粉材料特性

荧光粉是在一定激发条件下能发光的无机粉末材料。在今天，荧光粉已成为人们日常生活中不可或缺的材料，在工业、农业、医疗、国防、建筑、通信、航天、高能物理等诸多领域有着广泛的用途。LED 荧光粉是荧光粉中一个常用的类型，LED 荧光粉材料与传统荧光粉材料相比，具有激发能量低（常用激发波长为 400～460 nm）、斯托克斯位移小、量子效率高等特点。

2.25.3　实验仪器及注意事项

实验仪器包括 F-4600 荧光分光光度计及附件。

①装样要小心，动作要轻柔，以免将粉末样品撒入样品室。

②光谱仪开机后请勿摇晃或挪动，以免影响测试结果。

2.25.4　实验内容及步骤

①先开电脑，再打开主机电源，Xe LAMP 绿色指示灯亮，然后 RUN 绿色指示灯，此时再运行 FL Solution 软件。

②参数设置。点击右边 Method 图标，在出现的 Analysis Method 对话框的 General 项中的 Measurement 项中选择 Wavelength scan，其余各项可按需要填写。方法确定后，进行参数初始化，将基线调零，并设置样品名、数据、文件自动保存等。

③装样。将准备好的样品放入样品架中夹紧放稳，并关好样品室门。

④测试。放置样品后先执行 Prescan，再执行 Measure 进行扫描测量。扫描结束后将图谱保存。

⑤借助 FL Solution 软件进行图谱分析。

⑥关机。先退出 FL Solution 软件，并在退出时出现的对话框中选择"Close the lamp, then close the monitor window（熄灭灯，然后关闭窗口）"，此时 Xe 灯被熄灭，继续保持主机电源开启约 10 min，待 Xe 灯冷却后再关闭主机电源。

2.25.5　预习与思考

①本实验中杨氏模量的测量公式成立的条件是什么？观察激发波长的整数倍处荧光发射光谱有何特点？该波长是否适合于进行定量分析？

②同步荧光技术有哪些优点？比较激发、发射和同步荧光光谱中的峰值及对应波长的不同，并解释原因。

2.26　紫外可见吸收光谱的测量与分析

【背景简介】

紫外可见吸收光谱（Ultraviolet and Visible Spectroscopy，UV-VIS），统称为电子光谱，是材料在吸收 10～800 nm 光波波长范围的光子所引起分子中电子能级跃迁时产生的吸收光谱。

紫外可见吸收光谱法是利用某些物质的分子吸收 10 ~ 800 nm 光谱区的辐射来进行分析测定的方法。这种分子吸收光谱产生于价电子和分子轨道上的电子在电子能级间的跃迁,广泛用于有机和无机物质的定性和定量测定。该方法具有灵敏度高、准确度好、选择性优、操作简便、分析速度好等特点。

2.26.1　实验目的

① 了解分子带状光谱的特点及原理。
② 掌握紫外可见分光光度计的原理和使用方法。
③ 能够自主测量液体样品的吸收光谱并进行定量分析。

2.26.2　实验原理

(1) 紫外-可见吸收光谱的产生及基本原理

分子的紫外-可见吸收光谱是基于分子内电子跃迁产生的吸收光谱进行分析的一种常用的光谱分析方法。当某种物质受到光的照射时,物质分子就会与光发生碰撞,其结果是光子的能量传递到了分子上。这样,处于稳定状态的基态分子就会跃迁到不稳定的高能态,即激发态:

$$M(基态) + h\nu \rightarrow M^*(激发态)$$

这就是对光的吸收作用。由于物质的能量是不连续的,即能量是量子化的。只有当入射光的能量($h\nu$)与物质分子的激发态和基态的能量差相等时才能发生吸收。即满足:

$$\Delta E = E_2 - E_1 = h\nu - hc/\lambda \tag{2.26.1}$$

不同的物质分子因其结构的不同而具有不同的量子化能级,即 ΔE 不同,故对光的吸收也不同,因此,可以用紫外-可见吸收光谱来分析物质的分子结构。

(2) 定性定量分析

光吸收程度最大处的波长叫做最大吸收波长,用 λ_{max} 表示。同种吸光物质,浓度不同时,吸收曲线的形状不同,λ_{max} 不变,只是相应的吸光度大小不同,这是定性分析的依据。

而对紫外-可见吸收光谱进行定量分析,则需依据朗伯-比尔定律(Lambert-Beer law)来分析。定律的表述为:当单色光通过液层厚度一定的含吸光物质的溶液后,溶液的吸光度 A 与溶液的浓度 c 成正比。此公式的物理意义是:当一束平行的单色光通过均匀的含有吸光物质的溶液后,溶液的吸光度与吸光物质浓度及吸收层厚度成正比。此定律适用于所有的电磁辐射和所有的吸光物质,包括气体、固体、液体、分子、原子和离子。朗伯-比尔定律的实质是指光被吸收的量正比于光程中产生光吸收的分子数目,它是吸光光度法、比色分析法和光电比色法的定量基础。公式表述为:

$$\log\left(\frac{I_0}{I}\right) = \varepsilon c l \tag{2.26.2}$$

式中,I 和 I_0 分别为入射光及通过样品后的透射光强度;$\log(I_0/I)$ 称为吸光度 A(Absorbance);c 为样品浓度;l 为光程;ε 为光被吸收的比例系数。当浓度采用摩尔浓度时,ε 为摩尔吸收系数。它与吸收物质的性质及入射光的波长 λ 有关。

2.26.3　实验仪器及注意事项

实验仪器包括 TU-1801 紫外可见分光光度计。

①光谱仪为精密仪器,使用时需小心谨慎,不要移动仪器。

②样品放入或取出样品室时要谨慎,以免将样品撒入样品室中。

2.26.4 实验内容及步骤

①配置需要测试的样品的稀溶液,溶液的浓度一般为 μmol/L 的量级。

②将配置好的样品放入石英比色皿,样品的量以比色皿的 1/2 ~3/4 为宜。因太少会影响测试的准确性,太多容易洒落。

③根据仪器说明书的操作绘制光谱图,并对其进行简单的分析。

④配置一系列浓度的样品(7 ~ 15 个)光谱图,分析其遵守朗伯-比尔定律的情况,并绘制其标准曲线。

2.26.5 预习与思考

①紫外-可见分光光度计的工作原理是什么?

②试探索所测试样品朗伯-比尔定律适用的浓度范围。

2.27 激光拉曼光谱的测量与分析

【背景简介】

拉曼光谱是拉曼(C. V. Raman)于 1928 年发现的。早期的拉曼光谱采用汞灯作为光源激发样品,自 20 世纪 60 年代起,采用亮度高、单色性好、定向性高的激光作激发光源,称为激光拉曼光谱。拉曼光谱是对与入射光频率不同的散射光谱进行分析以得到分子振动、转动方面的信息,并应用于分子结构研究的一种分析方法。

2.27.1 实验目的

①了解拉曼散射的基本原理,掌握拉曼光谱仪的原理和使用方法。

②测一种物质的拉曼光谱,并计算其拉曼位移。

2.27.2 实验原理

拉曼光谱是研究化合物分子受光照射后所产生的散射,散射光与入射光能级差和化合物振动频率、转动频率的关系的分析方法。与红外光谱类似,拉曼光谱是一种振动光谱技术。所不同的是,前者与分子振动时偶极矩变化相关,而拉曼效应则是分子极化率改变的结果,被测量的是非弹性的散射辐射。

当波数为 ν_0 的单色光入射到介质上时,除了被介质吸收、反射和透射外,总会有一部分光被散射。按散射光相对于入射光波数的改变情况,可将散射光分为三类:第一类,其波数基本不变或变化小于 10^{-5} cm^{-1},这类散射称为瑞利散射;第二类,其波数变化大约为 0.1 cm^{-1},称为布里渊散射;第三类,其波数变化大于 1 cm^{-1} 的散射,称为拉曼散射。从散射光的强度看,瑞利散射最强,拉曼散射光最弱。图 2.27.1 显示了瑞利散射、布里渊散射和拉曼散射的位置及强度。一般情况下,拉曼散射光谱具有以下明显特征:

①拉曼散射谱线的波数虽然随入射光的波数而不同,但对同一样品,同一拉曼谱线的位移 $\Delta\nu$ 与入射光的波长无关。

②在以波数为变量的拉曼光谱图上,斯托克斯线和反斯托克斯线对称地分布在瑞利散射线两侧。

③一般情况下,斯托克斯线比反斯托克斯线的强度大。

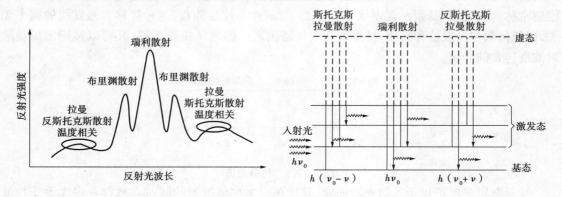

图 2.27.1　瑞利散射、布里渊散射和拉曼散射的位置及强度

在经典理论中,拉曼散射可以看作入射光的电磁波使原子或分子电极化以后所产生的。因为原子和分子都是可以极化的,故产生瑞利散射;因为极化率又随着分子内部的运动(转动、振动等)而变化,所以产生拉曼散射。

在量子理论中,把拉曼散射看作光量子与分子相碰撞时产生的非弹性碰撞过程。当入射的光量子与分子相碰撞时,可以是弹性碰撞的散射,也可以是非弹性碰撞的散射。在弹性碰撞过程中,光量子与分子均没有能量交换,于是它的频率保持恒定,这称为瑞利散射,如图 2.27.2(a)所示;在非弹性碰撞过程中,光量子与分子有能量交换,光量子转移一部分能量给散射分子,或者从散射分子中吸收一部分能量,从而使它的频率改变。它取自或给予散射分子的能量只能是分子两定态之间的差值 $\Delta E = E_1 - E_2$。当光量子把一部分能量交给分子时,光量子则以较小的频率散射出去,称为频率较低的光(斯托克斯线),散射分子接受的能量转变成为分子的振动或转动能量,从而处于激发态 E_1,如图 2.27.2(b)所示,这时的光量子的频率为 $\nu' = \nu_0 - \Delta\nu$。当分子已经处于振动或转动的激发态 E_1 时,光量子则从散射分子中取得了能量 ΔE(振动或转动能量),以较大的频率散射,称为频率较高的光(反斯托克斯线),这时的光量子的频率为 $\nu' = \nu_0 + \Delta\nu$。如果考虑到更多的能级上分子的散射,则可产生更多的斯托克斯线和反斯托克斯线。

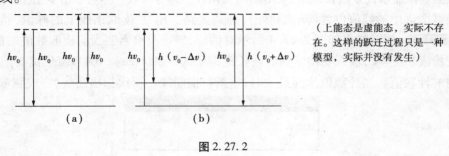

(上能态是虚能态,实际不存在。这样的跃迁过程只是一种模型,实际并没有发生)

图 2.27.2

最简单的拉曼光谱如图 2.27.3 所示,其中瑞利散射线频率为 ν_0,强度最强;低频一侧的是斯托克斯线,与瑞利线的频差为 $\Delta\nu$,强度比瑞利线的强度弱很多,约为瑞利线的强度的几百万分之一至上万分之一;高频的一侧是反斯托克斯线,与瑞利线的频差亦为 $\Delta\nu$,和斯托克斯线对称的分布在瑞利线两侧,强度比斯托克斯线的强度又要弱很多,因此并不容易观察到反斯托克斯线的出现,但反斯托克斯线的强度随着温度的升高而迅速增大。斯托克斯线和反斯托克斯线通常称为拉曼线,其频率常表示为 $\nu_0 \pm \Delta\nu$。$\Delta\nu$ 称为拉曼频移,这种频移和激发线的频率无关,以任何频率激发这种物质,拉曼线均能伴随出现。因此从拉曼频移,又可以鉴别出拉曼散射池所包含的物质。

图 2.27.3　拉曼光谱

拉曼散射强度正比于入射光的强度,并且在产生拉曼散射的同时必然存在强度大于拉曼散射 1 000 余倍的瑞利散射。因此,在进行拉曼光谱实验时,必须尽可能增强入射光的光强和最大限度地收集散射光,又要尽量抑制和消除来自瑞利散射的背景杂散光,提高仪器的信噪比。

2.27.3　实验仪器及注意事项

实验仪器包括 LR-3 型激光拉曼光谱仪。

①仪器内部有高功率的激光器,开盖时请佩戴护目镜确保安全。

②激光拉曼光谱仪具有精密的光学系统。因此要注意防震,工作时仪器外光路的门、盖要轻开轻闭。

2.27.4　实验内容及步骤

①将需测试的样品(液体样品)准备好,以备测试。

②打开 LR-3 型激光拉曼光谱仪及电脑,然后打开拉曼光谱仪软件,检查并确保仪器与电脑之间处于正确的连接状态。

③点击界面上的复位按钮 ↺ ,使仪器进入复位状态。复位之后进入主界面。

④根据具体需求设置波长范围,采集间隔和积分时间等参数。然后点击 ▶ 按钮,采集图谱。

⑤根据图谱中的峰值位置(除锐利外),细调光路。用 ⊥ 读取谱线上的峰值,然后点击右键弹出 波长检索(S) ,然后弹出如图 2.27.4 所示对话框,确定及检索到当前读取数值的波长;或直接用波长检索功能 🔍 ,输入要检索到的波长范围(300 ~ 800 nm)。调节聚焦镜头上调节螺钉查看当前的计数值。当计数值达到最大时,重新扫描曲线。再次扫描曲线,完成测量。

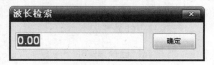

图 2.27.4　波长检索

⑥分析数据,根据用户的需求在屏幕左边选择所需的工具,如放大、缩小、读取数据、峰值检索、图谱颜色等。

2.27.5　预习与思考

①拉曼散射与瑞利散射、布里渊散射有何关系?
②拉曼光谱测量的是分子内部的什么信息,拉曼光谱有何特点?

2.28　核磁共振

2.28.1　实验目的

掌握稳态核磁共振现象的原理和实验方法,测量 ^{19}F 和 ^{1}H 的 g 因数,求出其磁矩。

2.28.2　实验仪器

DH404A0 型核磁共振实验仪、频率计、示波器。

2.28.3　实验原理

由核磁共振条件 $\omega = \gamma B_0$ 可知,观测 NMR 信号有两种方式,一种是固定磁场 B_0,改变射频频率 ω。改变磁场,只要满足共振条件,就会出现共振信号。实际的核磁共振仪器中,为了较容易地观测到共振信号和获得一种便于放大、处理和显示的共振信号,一般还采用磁场或频率调制。所谓磁场调制方式,就是在恒定磁场 B_0 上再叠加一个交变磁场 $B_m \sin \omega_m t$,所以实际磁场为 $B_0 + B_m \sin \omega_m t$,本实验就是采用这种调制方式。

(1)仪器的工作原理

具有核自旋的电子核,其核磁矩在恒定的外磁场中,能取各种量子化的方位。若在垂直于恒定磁场的方向加一交变磁场,在适当的条件下,它能改变磁矩的方位,使磁矩体系选择的吸收特定频率的交变磁场能量,呈现共振现象。本装置就是根据此原理配备的核磁共振实验系统,由探头、电磁铁及磁场研制系统、磁共振仪,再外接频率计和示波器,即构成完整的核磁共振实验系统。实验系统接线如图 2.28.1 所示。

1)核磁共振探头

核磁共振探头一方面提供射频磁场 B_1,另一方面是通过电子电路对 B_1 中的能量变化加以检测,以便观察核磁共振现象。核磁共振探头的方框图如图 2.28.2 所示。图中边缘振荡器产生射频振荡,其谐振频率由样品线圈和并联电容决定。所谓边缘振荡器,是指振荡器被调谐在临界工作状态,这样不仅可以防止核磁共振信号的饱和,而且当样品有微小的能量吸收时,可以引起振荡器的振幅有较大的相对变化,提高了检测核磁共振信号的灵敏度。在未发生共振时,振荡器产生等幅振荡,经检波器输出的是直流信号。当满足共振条件发生共振时,样品吸收射频场的能量,使振荡器的振荡幅度变小。因此,频率信号的包络变成由共振吸收信号调制的调幅波,经检波放大后,就可以把反映振荡器幅度大小变化的共振吸收信号检测出来。

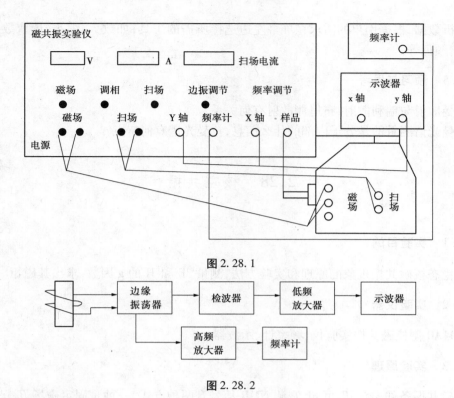

图 2.28.1

图 2.28.2

2）核磁共振探头

磁场由稳流电源激励电磁铁产生,保证磁场可以从 0 到几千高斯的范围内连续可调,数字表使得磁场强度的调节得到直观的显示,稳流电源保证了磁场强度的高度稳定。

为了能在示波器上连续观测到核磁共振吸收信号,需要在样品所在的空间使用调制线圈来产生一个弱的低频交变磁场 B_m,加到稳恒磁场 B_0 上去,使得样品 ^{1}H 核在交流调制信号的一个周期内。只要调制场的幅度及频率适当,就可以在示波器上得到稳定的核磁共振吸收信号。从原理公式 $\omega_0 = \gamma B_0$ 可以看出,每一个磁场只能对应一个射频频率发生共振吸收,而要在几十兆赫的频率范围内找到这个频率是很困难的。为了便于观察共振信号,通常在稳恒磁场方向上叠加一个弱的低频交变磁场 B_m,如图 2.28.3 所示(图(a)为 B_0 和 B_m 叠加后随时间变化的情况,图(b)为射频场 B_1 振荡电压幅值随时间变化的情况,图中的 B_0 为某一射频频率对应的共振磁场)。此时样品所在处所加的实际磁场为 $B_0 + B_m$,由于调制磁场的幅值不大,磁场的方向仍保持不变,只是磁场的幅值随调制磁场周期性的变化,即:

$$\omega_0' = \gamma(B_0 + B_m)$$

此时只要将射频场的角频率 ω' 调节到 ω_0' 的变化范围内,同时调制场的峰—峰值大于共振场的范围,便能用示波器观察到共振吸收信号。因为只有与 ω' 相应的共振吸收磁场范围被 $(B_0 + B_m)$ 扫过的期间才能发生核磁共振,可观察到共振吸收信号,其他时刻不满足共振条件,没有共振吸收信号。磁场的变化曲线在一周内能观察到两个共振吸收信号。若在示波器上出现间隔不等的共振信号,如图 2.28.4(a)所示,这是因为对应射频磁场频率发生共振磁场的 B_0' 的值不等于稳定恒磁场的值。这时如果改变稳恒磁场 B_0 的大小或变化射频磁场 B_1 的射频,都能使共振吸收信号的相对位置发生变化,出现"相对走动"的现象。若出现间隔相等的共振吸收信号时,如图 2.28.4(b)所示,则其相对位置与调制磁场 B_m 的幅值无关,并随 B_m 幅值的减小,信号变低变宽,如图 2.28.4(c)所示,此时即表明 B_0' 与 B_0 相等。

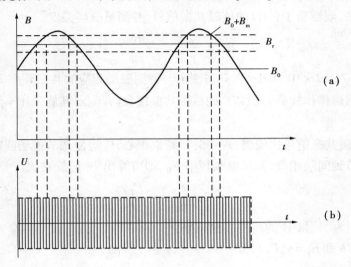

图 2.28.3

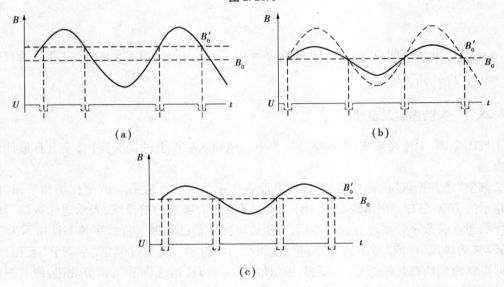

图 2.28.4

(2)磁共振仪面板功能

①磁场:本装置由于采用电磁铁激励磁场强度,所以只需要改变激励电磁铁的电流,即可实现宽范围场强的变化。小范围场强的变化只需微微改变激励电磁铁的电流即可,数字电流表示了激励电磁铁的电流。该电流由磁场接线柱输出。

②扫场:调节扫场旋钮可使共振信号在水平方向变窄并可以改变尾波的节数。板上的电流表指示流过调制线圈的电流大小。

③调相:调节输入示波器的 X 轴信号的相位,可调节碟形共振信号的相对位置。

④边振调节:用于改变边限振荡器的边缘振荡状态和信号幅度。

115

⑤频率调节:用于改变边限振荡器的振荡频率。

（3）仪器的使用

①用水作样品,观察质子(^{1}H)的核磁共振信号,并测量磁场强度。

$$B_0 = \frac{\omega}{\gamma_H} = \frac{2\pi F_H}{\gamma_H}$$

已知 $\gamma_H = 2.675\ 22 \times 10^2$ MHz/T,只需测出与待测磁场相应的共振频率 F_H 即可。

②用聚四氟乙烯棒作样品,观察 ^{19}F 的核磁共振现象,并测定其旋磁比 γ_H,g 因子和核磁矩形 μ_I。

由于 ^{19}F 的核磁共振信号比较弱,观察时要特别细心,应缓慢调节磁场或射频频率,找到共振吸收信号并调节到间隔相等,测量射频频率 F_H,即可算出 ^{19}F 的旋磁比。

$$\gamma_F = 2\pi \frac{F_F}{B_F} = \frac{F_F \gamma_H}{F_H}$$

其中,F_F 和 F_H 分别为 ^{19}F 和 ^{1}H 的核磁共振频率。

由 $\mu_I = g\mu_N P/\hbar$ 和 $\mu_I = \gamma_F P_I$ 可知:

$$g = \gamma_F \hbar / \mu_N$$

又 $P_I = \hbar I$,所以有

$$\mu_I = g I \mu_N$$

其中,$\hbar = \dfrac{h}{2\pi}$。h 为普朗克常数,h $= 6.626\ 08 \times 10^{-34}$ J·S;$\mu_N = 500\ 579 \times 10^{-27}$ J/T;I 为自旋量子数,^{19}F 的 I 值为 1/2。

2.28.4 实验内容及步骤

①按图 2.28.1 连接系统,将水样品探头小心地插入磁铁上的探头座内,座上有最佳位置的刻痕。

②调整"磁共振仪"的磁场调节钮,使电流表指示为 1.7 A 左右。调节扫场调节钮,使电流表指示为 70% 左右。在示波器(X 轴)上可以看到带有噪声的扫描线,表示边缘振荡器已进入工作状态。若数字频率计有频率指示,表明边缘振荡器已起振。若数字频率计指示为"0",则可转动"边缘调节"或"频率调节"旋钮,直到有频率指示。再通过调"频率调节"旋钮,示波器上即可观测到核磁共振信号。出现共振信号后,再细调"边缘调节",调节旋钮,使共振信号最强,这表明振荡器已处于临界工作状态。

③观察质子(^{1}H)的核磁共振信号,并测量待测磁场相应的共振频率 F_H。

④用聚四氟乙烯棒作样品,用同样的方法观察 ^{19}F 的核磁共振现象,并测量待测磁场相应的共振频率 F_F,求其旋磁比 γ_F、g 因子和核磁矩形 μ_I。

⑤分析讨论。

2.28.5 注意事项

在使用本实验系统之前,一定要认真阅读仪器的实验步骤,要做到正确使用,熟练操作,注意爱护仪器,不要随意调动按钮。

2.28.6 思考题

①试说明本实验中实际上利用了哪几个磁场,并说明它们各自的作用、方向和数值的大小。

②试讨论影响氟核旋磁比 γ_F 测量精度的几个因素。

2.29 电子自旋共振

【背景简介】

电子自旋共振(Electron Spin Resonance,ESR),又称顺磁共振(Paramagnetic Resonance)。它是指处于恒定磁场中的电子自旋磁矩在射频电磁场作用下发生的一种磁能级间的共振跃迁现象,1944 年由苏联的柴伏依斯基首先发现。

ESR 已成功地被应用于顺磁物质的研究,目前它在化学、物理、生物和医学等各方面都获得了极其广泛的应用。例如,发现过渡族元素的离子;研究半导体中的杂质和缺陷,离子晶体的结构,金属和半导体中电子交换的速度以及导电电子的性质等。所以,ESR 也是一种重要的控物理实验技术。

2.29.1 实验目的

①观察电子自旋共振现象;

②观察顺磁离子对共振信号的影响;

③测量 DPPH 中电子的 g 因子,并利用电子自旋共振测量地球磁场的垂直分量。

2.29.2 实验仪器

频率计、边限振荡器、稳流电源、螺线管、移相器、调压器和示波器。

2.29.3 实验原理

(1)电子的自旋磁矩

电子具有自旋,由量子力学可知,其自旋角动量为:

$$P_s = \sqrt{S(S+1)}\frac{h}{2\pi} = \sqrt{S(S+1)}\hbar \qquad (2.29.1)$$

式中,S 为自旋量子数,$S=1/2$。自旋时电子具有自旋磁矩,自旋磁矩为:

$$\mu_s = \frac{e}{m}p_s = g\frac{\mu_B}{\hbar}p_s \qquad (2.29.2)$$

其中,g 为朗德因子,对自由电子,$g=2.002\,32$;e 为电子电荷;m 为电子质量;$\mu_B = \frac{e}{2m}\hbar$

为玻尔磁子,其值为 $0.927 \times 10^{-23}\,\mathrm{Agm^2}$。

(2)外磁场中电子的自旋能级

若电子处于外磁场 B(沿 z 方向)中,由于 B 与自旋磁矩 μ_s 的作用,其自旋角动量将对 z 轴发生进动。据量子力学的观点，p_s 在空间的取向是量子化的，p_s 在 z 方向的投影 p_z 为：

$$p_z = m\hbar \qquad (2.29.3)$$

m 为磁量子数，$m = S, S-1, \cdots, -S$，故 m 可取值为 $\pm\dfrac{1}{2}$。磁矩 μ_s 与外磁场 B 的相互作用能为：

$$E = -\mu_s gB = -g\frac{\mu_B}{\hbar}p_z B = mg\mu_B B \qquad (2.29.4)$$

在外磁场中，电子自旋能级分裂为两个，其能量差为：

$$\Delta E = \frac{1}{2}g\mu_B B - \left(-\frac{1}{2}g\mu_B B\right) = g\mu_B B \qquad (2.29.5)$$

对由大量原子组成的样品，在热平衡下，处在 $\dfrac{1}{2}g\mu_B B$ 和 $-\dfrac{1}{2}g\mu_B B$ 能级的电子数满足玻尔兹曼分布，两个能级上的电子数 N_2、N_1 的比值为：

$$\frac{N_2}{N_1} = \exp\left(-\frac{E_2 - E_1}{kT}\right) \qquad (2.29.6)$$

式中，k 为玻尔兹曼常数，T 为热力学温度；$\Delta E = E_2 - E_1$，一般满足高温近似，即 $\Delta E = kT$，上式可写成

$$\frac{N_2}{N_1} = 1 - \frac{\Delta E}{kT} = 1 - \frac{g\mu_B B}{kT} \qquad (2.29.7)$$

显然，外加磁场越强，温度越低，两个能级上的粒子数差越大。

（3）电子自旋共振

若在垂直于外磁场 B 的平面上施加一频率 v 的旋转磁场 B_1，当 v 满足

$$hv = g\mu_B B \qquad (2.29.8)$$

时，电子吸收 B_1 的能量，从低能级跃迁到高能级，这就是电子自旋共振。当然处于高能级的电子会自发地辐射能量跃迁回低能级。由于 $N_2 < N_1$，低能级上的粒子数多于高能级的粒子数，激发跃迁占主要趋势。引入电子的旋磁比 $\gamma = g\dfrac{e}{2m}$，且 $\hbar = \dfrac{h}{2\pi}$，则

$$\omega = 2\pi v = g\frac{2\pi}{h}\mu_B B = \gamma B \qquad (2.29.9)$$

γ 称为电子的旋磁比，对自由电子，$B = 3.75 \times 10^{-5} v$，$v$ 以 MHz 为单位，B 以 T 为单位，即当 $v = 1$ MHz 时，$B = 3.75 \times 10^{-5}$ T。

系统内存在的自旋—晶格作用使自旋粒子的能级寿命缩短，故共振谱线有一定宽度。对于大多数自由基来说，主要的是自旋—自旋相互作用，它包括未偶电子与相邻原子核自旋之间以及两个分子的未偶电子之间的相互作用。电子不仅处于外磁场中，而且其周围的电子会提供一个局部磁场。由于热运动，这个局部磁场在一定范围内变动，使总磁场在小范围内变化，增加了共振谱线的宽度，因此谱线宽度反映了粒子间相互作用的信息，它是电子自旋共振谱的一个重要参数。

电子自旋共振一般发生在微波波段。但由于电子磁矩比较大，故共振信号较强。即使在 1 mT 的弱磁场下，也能观察到共振信号，此时共振频率在射频范围，因此，可以用电子自旋共

振来测量弱磁场。本实验用扫场法在弱磁场下观察电子自旋共振现象并测量稳定自由基 DPPH 中未偶电子的 g 因子及谱线宽度。

2.29.4　实验内容

(1) 实验装置

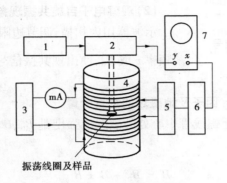

图 2.29.1　实验装置图

1—频率计；2—边限振荡器；3—稳流电源；4—螺线管；

5—50 Hz 扫场电源；6—移相器；7—示波器

实验装置包括螺线管、边限振荡器、频率计、示波器、稳流电源等，螺线管由磁场线圈和扫场线圈组成。稳定直流电流通过磁场线圈，产生 B_0，当螺线管的长度 L 和直径 D 的比 $L/D = 1$ 时，

$$B_0 = 4\pi nI \times 10^{-7}\cos\theta_1 = 4\pi nI\frac{1}{\sqrt{1 + (d/l)^2}} \times 10^{-7} \qquad (2.29.10)$$

式中，n 为单位长度上的线圈匝数，单位为匝/m；I 为单位电流，单位为 A；B_0 的单位为 T。 50 Hz 交流电流经扫场线圈时产生 $\ddot{B}$，$\ddot{B} = B_m\cos\omega t$，$B_0$ 和 $\ddot{B}$ 的方向垂直于水平面。螺线管中心处的核磁感应强度为

$$B = B_0 + B_m\cos\omega t \qquad (2.29.11)$$

实验时，样品放在边限振荡器震荡线圈内并一起置于螺线管中心，以保证样品所在范围内有均匀磁场。实验样品选用自由基对苯基苦味酸基联氨 DPPH 固体粉末，分子式为 $(C_6H_5)_2N - NC_6H_2(NO_2)_3$，结构式如图 2.29.2 所示。测量第二个 N 原子上位偶电子的 g 因子，它非常接近自由电子的 g 值。

根据共振条件 $h\nu = g\mu_B B$ 确定一个频率 ν，调节螺线管电流，即改变 B_0。由于总磁场是脉动的，只要满足上式的 B 落入 $\hat{B}$ 范围之内，就可以观测到共振吸收信号，如图 2.29.3 所示。

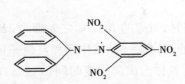

图 2.29.2　DPPH 的分子结构式

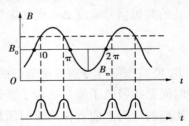

图 2.29.3　调制磁场的作用

119

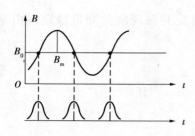

图 2.29.4　等间距的共振信号

调节 B_0，使吸收信号等间距，$\widehat{B}$ 刚好过零，则此时的 B_0 即为共振磁场，如图 2.29.4 所示。

$\widehat{B}$ 在小范围内的连续变化为调节共振状态提供了巧妙的方式。

（2）观察电子自旋共振现象

示波器用内扫描，调节边限振荡器的工作状态，改变振荡频率 v 或 B_0，使出现共振信号，分别改变 v、B_0 和 $\widehat{B}$ 的大小，观察信号的变化。

（3）测 DPPH 中电子的 g 因子及地磁场的垂直分量

由于存在地磁场，实际上螺线管中心处的磁感应强度是 B_0、B 和地磁场垂直分量的叠加，其强度应为

$$B = B_0 + \widehat{B} \pm B_{e\perp} \tag{2.29.12}$$

当共振信号等间距时，共振点处 $\widehat{B} = 0$，$B = B_0 \pm B_{e\perp}$，$\pm$ 号取决于 B_0 和 $B_{e\perp}$ 的方向相同还是相反。B_0 方向的变化可由改变螺线管的电流方向来实现。固定频率 v，调节 B_0，使共振信号等间距，然后让 B_0 反方向并调节 B_0 使共振信号等间距，则有

$$hv = g\mu_B(B_{01} + B_{e\perp})$$
$$hv = g\mu_B(B_{02} + B_{e\perp})$$

可得

$$\begin{cases} g = \dfrac{2hv}{\mu_B(B_{01} + B_{02})} \\ B_{e\perp} = \dfrac{B_{02} - B_{01}}{2} \end{cases} \tag{2.29.13}$$

由此可求出 g 因子和地球磁场的垂直分量。

另一种观测方法是用扫场正旋电压作为示波器 x 轴扫描电压，调节移相器使正反两扫向的共振信号重合。调节 B_0 或 v 使交点 A 与示波器中心光点位置重合，此时相当于信号等间距。此方法可消除示波器锯齿波非线性的影响，用此方法测出 DPPH 的 g 因子及 $B_{e\perp}$，并与前面的结果比较。

（4）测量共振线宽度和驰豫时间 T_2

用扫场正旋波作示波器 x 轴扫描时，扫描线的长度 $(x_2 - x_1)$ 正比于 $2B_m$；若测出信号幅度降到一半处的共振信号宽度 Δx，则共振线宽 ΔB 为

$$\Delta B = \frac{\Delta x}{x_2 - x_1} g 2B_m \tag{2.29.14}$$

调节 B_0 使共振信号分别移动到扫描线左端和右端时，对应的 B_{01}、B_{02} 之差即为 $2B_m$。

驰豫时间是指吸收了能量的粒子跃迁到高能级后通过自旋—晶格作用和自旋—自旋作用回复到平衡态的时间。前者称为纵向回复时间（T_1），后者称为横向回复时间（T_2）。在电子自旋共振中，T_2 最重要。T_2 可由下式求得：

$$T_2 = \frac{2}{\gamma VB} \qquad\qquad (2.29.15)$$

用共振方法测量螺线管中心磁场强度随 I 变化的曲线,并与螺线管公式所得结果进行比较。

2.29.5　实验步骤

①单击子菜单"实验步骤",开始具体的实验操作。在实验操作之前,请阅读有关实验内容,按步骤逐步进行实验。

②按照软件提示分别完成"用内扫法观察电子自旋现象"和"测 DPPH 中的 g 因子及地磁场垂直分量"的实验内容。

实验中,可以点击各个仪器表面,弹出仪器以供调试或观察。

频率计:通过点击 POWER 开关,打开频率计。

用鼠标点击频率调节的上下方向键,可以增加或减少频率输出。改变倍率,将改变频率调节的幅度。

毫安表:仅供读取电流强度用,随"稳恒电流输出调节"的调节而改变。毫安表所用量程为 500 mA,读数时请注意。

双刀双掷闸刀:点击闸刀表面可改变闸刀的状态(正接、反接和断开)。

移相微分电路盒:左击和右击旋钮,可以改变示波器 X 输入的相位。

示波器波形输出:供观察和判定电子自旋共振情况。

在得到一组实验数据之后,可以右击操作平台无仪器处弹出菜单;点击"记录实验数据"菜单项,记录实验中得到的电流强度、频率值和开关倒向。完成实验,可以通过点击"退出实验"正常退出。

2.29.6　数据处理

选择"数据处理"菜单项,开始实验之后的数据处理(注意:本实验的数据处理仅提供实验记录,不对实验数据自动处理)。数据处理提供了实验室常数和部分公式,实验者可使用 Windows 系统提供的计算器进行计算。电流值、频率值和开关倒向由程序自动记录,其余各项均由实验人员手动填入。

2.29.7　注意事项

①接线完成并经老师确认后方可实验。

②实验完成后请将接线拆掉,实验器材分开独立。

③详细操作参见仪器说明书。

2.29.8　思考题

①测 g 时,为什么要使共振信号等间距? 怎样使信号等间距?

②B_0、B_1、$\hat{B}$ 如何产生? 作用是什么?

③不加扫描电压能否观察到共振信号？

④能否用固定 B_0，改变 v 的方法来测量 g 及 B？试推导出计算公式。

2.30 磁阻效应实验

2.30.1 实验目的

①了解磁阻效应与霍尔效应的关系与区别。

②了解并掌握 FB512X 型磁阻测定实验仪的工作原理与使用方法。

③了解电磁铁励磁电流和磁感应强度的关系及气隙中磁场分布特性。

④测定磁感应强度和磁阻元件电阻大小的对应关系，研究磁感应强度与磁阻变化的函数关系。

2.30.2 实验原理

当环境的温度、压力、电场、磁场等发生改变时，某些特定电导材料其电阻值会随之而改变，我们把电导材料电阻值随所在环境中磁场的改变而改变的现象称为磁阻效应。

通以电流 I 的导电材料，当其处于磁场 B 中，只要电流方向与磁场方向不平行，则材料内部的载流子会在洛伦兹力的作用下发生偏转。由于受到导体材料外形的限制，偏转的载流子会在材料的边缘堆积，在材料相对的边缘则会感应出等量相反的电荷，于是在导体内部形成霍尔电场。霍尔电场方向分别与电流方向、磁场方向垂直。如果霍尔电场作用和某一速度的载流子的洛伦兹力作用刚好抵消，那么小于或大于该速度的载流子将在电场与磁场的共同作用下发生相应偏转，因而沿外加电流方向运动的载流子数目将减少，宏观上表现为电阻增大，这种现象称为磁阻效应。如图 2.30.1 所示，半导体材料在电流 I 和磁场 B 作用下 A、E 端将出现电荷堆积，从而产生霍尔电场。如将材料 A、E 端短接，其上的电荷将消失，霍尔电场将不存在，所有载流子将向 A 端偏转，也表现出磁阻效应。

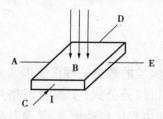

图 2.30.1 磁阻效应

通常以电阻率对零磁场时电阻率的相对改变量来表示磁阻 $\Delta\rho/\rho(0)$。$\rho(0)$ 为零磁场时的电阻率，$p(B)$ 为磁感应强度为 B 时的电阻率，记 $\Delta\rho = \rho(B) - \rho(0)$，而 $\Delta R/R(0)$ 正比于 $\Delta\rho/\rho(0)$，其中 $\Delta R = R(B) - R(0)$。

在弱磁场时，一般磁阻器件的 $\Delta R/R(0)$ 正比于磁感应强度 B 的二次方，而在强磁场中，$\Delta R/R(0)$ 则为 B 的一次函数。

磁阻材料通常选用半导体材料。当半导体材料处于弱交流磁场中，因为 $\Delta R/R(0)$ 正比于 B 的二次方，所以 R 也随时间周期变化。

$$\Delta R/R(0) = k \cdot B^2 \quad \text{（其中 } k \text{ 为比例常量）}$$

假设电流恒定为 I_0，令 $B = B_0\cos\omega t$，于是有：

$$R(B) = R(0) + \frac{1}{2}R(0) \cdot k \cdot B_0^2 + \frac{1}{2}R(0) \cdot k \cdot B_0^2 \cdot \cos 2\omega t \qquad (2.30.1)$$

由式(2.30.1)可知,磁阻材料上的分压为磁感应强度 B 振荡频率两倍的交流电压和一直流电压的叠加。

$$V(B) = V(0) + V\cos 2\omega t \qquad (2.30.2)$$

2.30.3　实验仪器

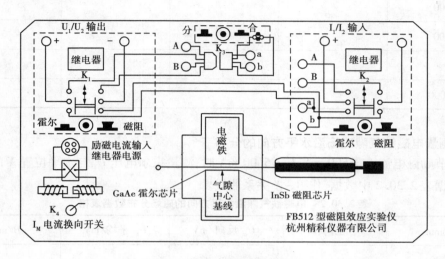

图 2.30.2　FB512 型磁阻效应面板图

说明:励磁电流:0 ~ 1 000 mA 连续可调 ;霍尔、磁阻传感器工作电流 0 ~ 5 mA ;水平位移范围 ± 20 mm。

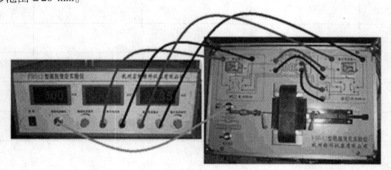

图 2.30.3　FB512 型磁阻实验仪连线图

2.30.4　实验内容

(1)测定励磁电流和磁感应强度的关系

①按图 2.30.3 所示面板把各相应连接线接好,闭合电源开关。预热 5 min 然后调节左边霍尔传感器位置,使传感器印板上 0 刻度对准电磁铁上中间基准线,面板上继电器控制按钮开关 K_1 和 K_2 均按下,如图 2.30.2 所示。改变励磁电流,记录当励磁电流为 0、100、200、300、400、…、1 000 mA 时的霍尔电压的大小。(设定 $I_M = 500$ mA,霍尔原件霍尔灵敏度 $K_H = 177$

123

mV/mA. T)

②根据表 2.30.1 测量数据作 B～I_M 关系曲线。

表 2.30.1　电磁铁磁化曲线数据表格

I_M/mA	U_H 正向/mV	U_H 反向/mV	U_H 平均/mV	B/mT
0				
100				
200				
…				
1 000				

(2)测量电磁铁气隙磁场沿水平方向的分布

①调节励磁电流 $I_H = 500$ mA，$I_H = 5.00$ mA 时，测量霍尔电压 U_H 与水平位置 X 的关系。

②根据表 2.30.2 中数据，作 B～X 关系曲线。

表 2.30.2　电磁铁气隙沿水平方向的磁场分布数据表格

X/mm	U_m 正向/mV	U_m 反向/mV	U_m 平均/mV	B/mT
−20				
−18				
…				
0				
…				
18				
20				

(3)测量磁感应强度和磁阻变化的关系

①调节传感器位置，使传感器印刷板上 0 刻度对准电磁铁上中间基准线。

②把励磁电流先调节为 0，释放 K_1、K_2，按下 K_3、K_4。在无磁场的情况下，调节磁阻工作电流 I_2，使仪器数字式毫伏表显示电压 $U_2 = 800.0$ mV，记录此时的 I_2 数值，此时按下 K_1、K_2，记录霍尔输出电压 U_H；改变 K_4 方向，再测一次 U_H 值，以此记录数据。各开关恢复原状。

③按上述步骤，逐步增加励磁电流，改变 I_2，在基本保持 $U_2 = 800.0$ mV 不变的情况下重复以上过程，把一组组数据记录到表格中。（建议 300 mA 前每 10 mA 测一组数据，300 mA 后每 50 mA 测一组数据）

根据表 2.30.3 中数据作 $B\text{-}\Delta R/R(0)$ 关系曲线。观察并分析曲线中描述变量间的函数关系,分段研究非线性与线性区域的函数关系,用最小二乘法求出变量间的相关系数及函数表达式。

表 2.30.3　测量磁感应强度和磁阻变化的关系

I_M/mA	GaAs		InSb		$B\text{-}\Delta R/R(0)$		
	U_1 正反向平均值	I_1/mA	U_2/mV	I_2/mA	B/T	R/Ω	$\Delta R/R(0)$
0							
30							
…							
1 000							

2.30.5　预习与思考

①磁阻传感器和霍耳传感器在工作原理和使用方法方面各有什么特点和区别?

②在测量地磁场时,如果在磁阻传感器周围较近处放一个铁钉,对测量结果将产生什么影响?

2.31　超声波在界面上的反射和折射

【背景简介】

超声波是频率高于 20 000 Hz 的声波,其波长比一般声波要短,具有较好的方向性,能量集中且能穿透不透明物质,在遇到介质畸变时会引起超声波的反射和折射,这一特性已被广泛用于超声波探伤、测厚、测距、遥控和超声成像技术。

2.31.1　实验目的

①正确区分反射横波和反射纵波、折射横波与折射纵波。

②验证超声波的反射定律。

③验证超声波的折射定律。

2.31.2　实验原理

在不同介质的分界面上,入射的超声波会产生折射和反射现象。当在固体分界面上入射时还会产生波形转化现象,还有可能产生表面波。

当声波以入射角 α 按纵波声速或按横波声速 C 传到异质界面后,在界面的反射和折射满足斯特令定律:

①反射:
$$\frac{\sin \alpha}{C} = \frac{\sin \alpha_L}{C_{1L}} = \frac{\sin \alpha_S}{C_{1S}} \tag{2.31.1}$$

②折射：
$$\frac{\sin \alpha}{C} = \frac{\sin \beta_L}{C_{2L}} = \frac{\sin \beta_S}{C_{2S}} \qquad (2.31.2)$$

以 L 表示纵波脚标，S 表示横波脚标，则 α_L、α_S、β_L、β_S 分别是纵波反射角、横波反射角、纵波折射角、横波折射角，C_{1L}、C_{1S}、C_{2L}、C_{2S} 分别是第一种介质和第二种介质中的纵波声速和横波声速。

当超声波入射到两种固体介质的分界面时，由公式(2.31.2)可看出，若第一种介质中超声波声速小于第二种介质中超声波声速，且当入射角 α 大于：
$$\alpha_1 = \arcsin\left(\frac{C}{C_L}\right) \qquad (2.31.3)$$

时，第二种介质中将没有折射纵波，纵波在第一种介质中发生全反射。由于纵波声速大于横波声速。当 α 大于：
$$\alpha_2 = \arcsin\left(\frac{C}{C_S}\right) \qquad (2.31.4)$$

时，在第二种介质中既无纵波折射，又无横波折射，两种波均产生全反射。我们把 α_1 称为超声波从第一种介质入射到第二种介质时在介质分界面上的第一临界角，而 α_2 称为第二临界角。

2.31.3 实验仪器

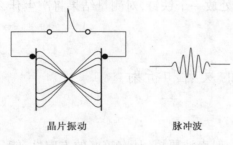

图2.31.1 脉冲超声波的产生

晶片振动　　　脉冲波

实验仪器包括超声波实验仪、示波器、直探头、斜探头、可变角探头。

本实验利用超声波探头来产生超声波。在超声探头的晶片两侧面上镀有导电层作为电极，当晶片经脉冲电压作用后，晶体发生弹性形变，随后自由振动，在沿晶片厚度方向上形成驻波。如果晶片的两侧存在其他弹性介质接触，则晶片会向介质内发射弹性波，如图2.31.1 所示。

弹性波的频率与晶片的材料和晶片的厚度有关，适当选择晶片的厚度，可使其产生的弹性波频率在超声波的范围内，则该晶片即可产生超声波。在晶片的振动过程中，由于能量的减少，其振幅也逐渐减小，因此它发射出的是一个超声波的波包，通常称为脉冲波，如图2.31.1 所示。

常用的超声波探头有直探头和斜探头两种，其结构如图2.31.2 所示。探头通过保护膜或斜楔向外发射超声波；接收背衬的作用是吸收晶片向背面发射的声波，以减少杂波；匹配电感的作用是调整脉冲波的波形。一般用直探头产生纵波，用斜探头产生横波或表面波。

除上述两种探头外，还可使用一种可变角探头，如图2.31.2 所示。其探头芯可以旋转，通过改变探头的入射角 θ，得到不同折射角的斜探头。当 $\theta = 0$ 时成为直探头。

本实验采用 JDUT-2 型超声波实验仪，其连线及操作如图2.31.4 所示(此时探头既作为发射端又作为信号的接收端，若需发射与接收独立工作时，应用不同探头连接发射端与接收端)。

来自于探头和反射体的反射回波可以通过示波器以检波或射频两种方式显示出来，脉冲波在示波器扫描线上的位置对应于超声波在探头和反射体之间往复传播的时间，脉冲波的振幅与反射体的大小有关。

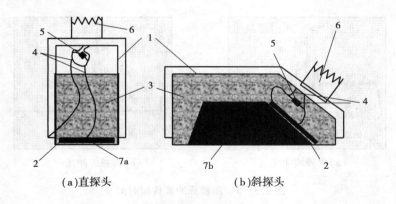

图 2.31.2 直探头和斜探头的基本结构

1—外壳;2—晶片;3—吸收背衬;4—电极接线;5—匹配电感;

6—接插头;7a—保护膜;7b—斜楔

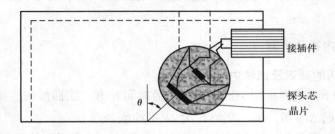

图 2.31.3 可变角探头示意图

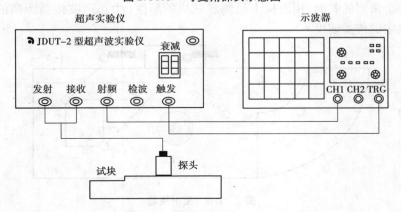

图 2.31.4 超声波实验仪连线图

从图 2.31.5 射频方式可以看出,脉冲波的振幅并不是一开始就很强,而是由小变大,然后变小,主要原因是晶片振幅的初值为零。脉冲波可以看成由多个频率成分的连续波叠加而成,其频谱具有一个中心频率(峰值频率)和一定的频带宽度。通常在脉冲波测试中所说的频率就是指的中心频率。

在使用脉冲超声波进行测量的过程中,对脉冲波的传播时间的测量有两种方法:①对于射频输出的脉冲波,测量其脉冲峰值对应的时间;②对于检波输出的脉冲波,测量其前沿对应的时间,如图 2.31.5 所示。两种方法测量得到的绝对时间有微小的差值,因此通常情况下需要校准探头的测试零点。探头发射超声波的绝对零点到测试零点的时间差一般称为探头的延迟

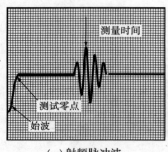 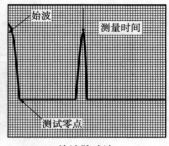

（a）射频脉冲波　　　　　　　（b）检波脉冲波

图2.31.5　测量脉冲波传播时间

（或延迟时间）。

注意：进行仪器连线时应仔细检查，不能将超声仪的发射口连接到超声仪的射频、检波、触发或示波器上，否则会造成仪器损坏。实验完成后，擦干净试块及探头上的耦合剂，否则会损坏试块及探头。

2.31.4　实验内容及步骤

（1）测量直探头的延迟及试块中超声波速度

①利用试块60 mm的厚度对一次回波的传播时间 t_1 和二次回波的传播时间 t_2 进行测量，计算探头的时间延迟 $\Delta t = 2t_1 - t_2$。测量6次，求平均值。

②将直探头放在图2.31.6中1位置，测量一次回波与二次回波的时间差 t 即为超声波在试块中传播一个来回的时间，用游标卡尺测量试块的厚度（为超声波传播距离的一半），计算超声波在试块中的传播速度 v。

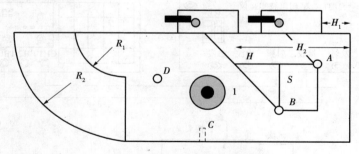

图2.31.6　反射实验

（2）折射实验

①预先设定可变角探头的入射角调整到适当的范围内。例如，验证纵波折射公式时，入射角可设定为20°左右；验证横波折射公式时，入射角可设定为35°左右。

②把探头分别对准A，B深 Φ_1 的标准通孔，在试块上前后移动探头找到最大反射回波位置，平移线段，记录探头末端距离试块末端的距离 H_1，H_2。

③测量A，B孔的水平及竖直距离，进而计算得到三角形的两个直角边 H 和 S，计算折射角：

$$\beta = \arctan \frac{S}{H} \qquad (2.31.5)$$

④通过直探头测量可变探头有机玻璃内超声波声速,验证公式(2.31.2)。

(3)反射实验

①把横波探头对准试块的下边沿,如图2.31.7(a)所示。前后移动探头找到最大回波后测量探头前端距试块末端距离 S_1 ,此回波由试块末端下边沿反射而回。

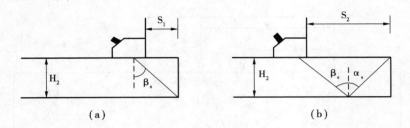

图2.31.7　反射实验

②拉开探头与试块边沿的距离,可以看到反射回波变小后又逐渐变大。找到最大点的位置,此回波由试块上边沿反射后再经过试块底面反射而回探头。测量距离 S_2 ,按下面公式计算反射角:

$$\alpha_S = \arctan\left[\frac{S_2 - S_1}{H_2}\right] \qquad (2.31.6)$$

③把探头放置在试块圆弧的圆心附近,观察圆弧 R_1 、 R_2 的反射回波(此时能看到两圆弧面反射回波)。前后移动探头,使反射回波强度最大。

④测量探头前沿到试块端点的距离 L_1 ,进而得到探头的前沿与超声波发射中心距离 $L_0 = R_2 - L_1$ 。

⑤根据:

$$\tan\beta_s = \frac{L_0 + S_1}{H_2} \qquad (2.31.7)$$

计算探头的横波折射角 β_s (亦即横波在试块底面反射时的入射角)验证公式(2.31.1)。

2.31.5　思考题

①如何利用超声波实现超声探伤? 举例说明超声波能探测哪些类型的缺陷。
②利用不同材质的试块测量探头的时间延迟,结果是否一样? 为什么?

2.31.6　实验拓展

从斯特令定律可知,超声波在固体介质分界面上会产生波形转换。本实验所使用的可变探头和斜探头的发射端均有一层有机玻璃,超声材料紧贴在有机玻璃上,因此探头在产生超声纵波的同时还产生了横波,纵波和横波在反射过程中会产生波形转换,并且所有的反射信号都能被探头接收到,并转换为电信号通过示波器显示出来。因此在验证反射定律时,首先要确定反射回波的性质。

验证纵波反射时,可以采用双探头工作方式,即一个可变角探头发射超声波,另一个相同角度的探头接收超声波。实验方法如图 2.31.8 所示。探头纵波折射角和横波折射角的测量方法同前。发射探头放置在图中 A 位置,它同时产生折射纵波 a 和折射横波 b;纵波 a 在试块的底面产生反射纵波 c 和反射横波 e;横波 b 在试块的底面产生反射横波 d 和反射纵波 f;f 和 e 会聚在探测面同一点 D 上。B 和 C 是接收探头接收到反射纵波和反射横波的位置。

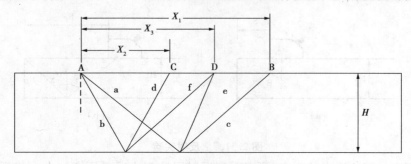

图 2.31.8　纵波和横波的反射与波形转换探头折射角测量

已知探头的折射纵波角度 β_L 和折射横波角度 β_S,测量三个接收探头的位置 X_1、X_2 和 X_3。可按下面公式计算反射角:

①纵波:
$$\alpha_L = \arctan\left[\frac{X_1 - H\tan\beta_L}{H}\right] \tag{2.31.8}$$

②横波:
$$\alpha_S = \arctan\left[\frac{X_2 - H\tan\beta_S}{H}\right] \tag{2.31.9}$$

③转换纵波:
$$\alpha_L = \arctan\left[\frac{X_3 - H\tan\beta_S}{H}\right] \tag{2.31.10}$$

④转换纵波:
$$\alpha_S = \arctan\left[\frac{X_3 - H\tan\beta_L}{H}\right] \tag{2.31.11}$$

2.32　声光衍射与液体中声速的测定

2.32.1　实验目的

①了解声光相互作用的原理,观察声光衍射现象。
②掌握光路调节的技巧。
③学会用超声光栅测定液体中的声速。

2.32.2　实验原理

当超声波在介质中传播时,介质将会在超声波的作用下产生时间上和空间上的周期性变化,并且导致介质的折射率也发生相应的变化。当超声波在介质中传播时,这时的介质就相当于一个光栅,光束垂直于超声波方向通过介质时就会产生衍射现象,这就是声光效应。我们将存在着声波场的介质称为"声光栅"。当采用超声波时,通常就称为"超声光栅"。本实验中研究的是以液体为介质的超声光栅对光的衍射作用。

超声波在液体中传播的方式可以是行波，也可以是驻波。超声波以行波形方式在液体中传播时形成的超声光栅，栅面在空间上随时间移动，但由于超声波速相对于光速而言可以认为是静止的，光相当于通过静止的光栅。图 2.32.1 示出了行声波在某一瞬间的情况。图(a)表示存在超声场时，液体内呈现疏密相间的周期性密度分布；图(b)为相应的折射率分布。n_0 表示不存在超声场时该液体的折

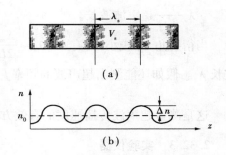

图 2.32.1　超声行波场的介质折射率分布

射率。从图上可以看出，液体的密度和折射率都是周期性变化的，且周期相同，这样就形成了超声光栅，其光栅常数就是超声波的波长 λ_s。因为是行波，折射率的这种分布在液体中将以声速 v_s 向前推进。

如果在超声波前进方向上适当位置垂直设置一个反射面，则可获得超声驻波。对于超声驻波，可以认为超声光栅是固定于空间的。设前进波和反射波的方程分别为：

$$\left. \begin{aligned} a_1(z,t) &= A \sin 2\pi\left(\frac{t}{T_S} - \frac{Z}{\lambda_S}\right) \\ a_2(z,t) &= A \sin 2\pi\left(\frac{t}{T_S} - \frac{Z}{\lambda_S}\right) \end{aligned} \right\} \tag{2.32.1}$$

二者叠加，$a(Z,t) = a_1(Z,t) + a_2(Z,t)$，得

$$a(Z,t) = 2A \cos 2\pi \frac{Z}{\lambda_s} \sin 2\pi \frac{t}{T_S} \tag{2.32.2}$$

从式(2.32.2)可以看出，超声驻波在液体空间中沿声波方向各点的振幅不变，为 $2A \cos 2\pi Z/\lambda_s$。而振幅在沿声波方向，即图中 Z 方向上各点振幅是不同的，呈周期性变化，其变化周期为 λ_s(即原来的声波波长)。公式(2.32.2)中，位相 $2\pi t/T_s$ 是时间的函数，但不随空间变化，这就是超声驻波的特征。

相应的折射率变化可表示为：

$$\Delta n(Z,t) = 2\Delta n \sin \omega_s t \sin K_s Z \tag{2.32.3}$$

在公式(2.32.3)中，$\Delta n(Z,t)$ 是时间的函数。就是说，对于空间任一点，折射率是随时间变化的，其变化的周期是 T_s，并且对应 Z 轴上某些点的折射率可以达到极大值或极小值；而对于同一时刻，Z 轴上的折射率也呈周期性分布，其相应的周期就是 λ_s，则驻波超声光栅的光栅常数也是超声波的波长。

当一束光垂直入射在超声光栅上(光的传播方向与超声波传播方向垂直)时，会产生衍射现象，出射光为衍射光，如图 2.32.2 所示。图中 m 为衍射级数，θ_m 为第 m 级衍射的衍射角。实验证明，与常规的光栅一样，形成各级衍射的条件是：

$$\sin \theta_m = \pm m\lambda/\lambda_s \ (m = 0, \pm 1, \pm 2, \cdots) \tag{2.32.4}$$

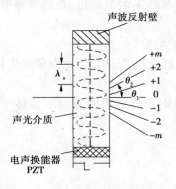

图 2.32.2　一种声光衍射装置

式中　λ——入射光的波长；

λ_s——超声波波长。

当衍射角 θ_m 较小时,有 $\sin\theta_m \approx \dfrac{X_m}{2L}$,且光波长 λ 已知,则可由式(2.32.4)测出超声波的波长 λ_s。假如还能测出超声波的频率 f_s,则超声波在该液体中的传播速度为:

$$V = \lambda_s f_s \tag{2.32.5}$$

这是测量超声波传播速度的有效方法之一。

2.32.3　实验仪器

实验仪器包括声光衍射仪、光具座、游标卡尺、米尺。

本实验采用压电陶瓷作为超声波源,将压电陶瓷放入液槽中,由于压电陶瓷具有逆压电效应,当高频交变电场作用于其上时会差生相应的高频振动,从而在液槽中激起相应的频率超声波形成超声光栅。压电材料在这里起电声换能的作用,当交变电压的频率达到换能器的固有频率时,由于共振的结果,此时振幅达到极大值。常见的具有显著压电效应的材料有石英、铌酸锂等晶体和锆钛酸铅陶瓷(PZT)等。在本实验中采用后者。

实验装置安排如图 2.32.3 所示。

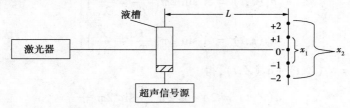

图 2.32.3　声光衍射光路

2.32.4　实验内容

①在光具座上按图 2.32.3 安排光路。

②在液槽中装入适量的液体(水,酒精或其他待测液体),尽量使液槽器壁的气泡少,放入超声换能器。打开激光器,使激光束垂直入射在液槽上。

③连接电路,开机给换能器上加上驱动信号。调节信号源的频率调节旋钮,直到观察屏上出现衍射图样。

④反复仔细地调节液槽中声换能器的位置、液槽的方位以及频率调节旋钮,直到观察屏上出现的衍射光斑最多而且清晰。

⑤用米尺测量液槽中心到屏之间的距离 L(测 3 组)并求平均值。

⑥用游标尺测量第 $\pm m$ 级光斑间的距离 x_m(测 3 组)。为避免找光斑中心而出现的失误,应当测量光斑边缘的距离再加或减光斑的直径。

⑦测出超声振荡的频率 f_s,计算声速 V_m 并求平均值,参考附录得到实验室温下液体中超声波速计算相对误差。

2.32.5　预习与思考题

①用逐差法处理数据的优点是什么?

②简述误差产生的原因。

③能否用钠灯作光源？

2.32.6　注意事项

①超声池置于载物台上必须稳定,在实验过程中应避免震动的影响,以使超声在液槽内形成稳定的驻波。导线分布电容的变化会对输出电频率有微小影响,实验过程中不能触碰连接超声池和高频信号源的两条导线。

②锆钛酸铅陶瓷片表面与对应面的玻璃槽壁表面必须平行,此时才会形成较好的表面驻波,因此实验时应将超声池的上盖盖平,而上盖与玻璃槽留有较小的空隙,实验时微微扭动一下上盖,有时也会使衍射效果有所改善。

③一般共振频率在 11.3 MHz 左右,WSG-I 超声光栅仪给出 10 ~ 12 MHz 可调范围。在稳定共振时,数字频率计显示的频率值应是稳定的,最多只有最末尾有 1 ~ 2 个单位数的变动。

④实验时间不宜过长。其一,声波在液体中的传播与液体温度有关,时间过长,温度可能在小范围内有变动,从而会影响测量精度,一般测量可以待测液体温度同于室温,精密测量可在超声池内插入温度计测量;其二,频率计长时间处于工作状态,会对其性能有一定影响,尤其在高频条件下有可能会使电路过热而损坏。实验时,特别注意不要使频率长时间调在 12 MHz以上,以免振荡线路过热。

⑤提取液槽应拿两端面,不要触摸两侧表面通光部位,以免污染。如已有污染,可用酒精、乙醚清洗干净,或用镜头纸擦净。

⑥实验中液槽中会有一定的热量产生,并导致媒质挥发,槽壁会见挥发气体凝露,一般不影响实验结果,但须注意液面下降太多致锆钛酸铅陶瓷片外露时,应及时补充液体至正常液面线处。

⑦实验完毕,应将超声池内被测液体倒出,不要将锆钛酸铅陶瓷片长时间浸泡在液槽内。

⑧温度不同,对测量结果有一定的影响,可对不同温度下的测量结果进行修正,修正系数及不同物质中的声波在 20 ℃纯净介质中的传播速度见表 2.32.1。

表 2.32.1　声波在下列物质中传播速度:20 ℃纯净介质

液　体	$t_0/℃$	$V_o/(m \cdot s^{-1})$	$A/(m \cdot s^{-1} \cdot k)$
苯胺	20	1 656	-4.6
丙酮	20	1 192	-5.5
苯	20	1 326	-5.2
海水	17	1 510 ~ 1 550	/
普通水	25	1 497	2.5
甘油	20	1 923	-1.8
煤油	34	1 295	/

表中 A 为温度系数,对于其他温度 t 的速度,可近似按公式 $V_t = V_o + A(t - t_0)$ 计算。

2.33　光敏电阻特性实验

【背景简介】

光敏电阻属半导体光敏器件,除具灵敏度高、反应速度快、光谱特性及 r 值一致性好等特点外,在高温,多湿的恶劣环境下还能保持高度的稳定性和可靠性,可广泛应用于照相机、太阳能庭院灯、草坪灯、验钞机、石英钟、音乐杯、礼品、迷你小夜灯、光声控开关、路灯自动开关以及各种光控玩具、光控灯饰、灯具等光自动开关控制领域。

2.33.1　实验目的

①了解光敏电阻的工作原理和使用方法。
②掌握光敏电阻的伏安特性及其测试方法。
③掌握光敏电阻的光电特性及其测试方法。
④掌握光敏电阻的光谱特性及其测试方法。

2.33.2　实验原理

利用具有光电导效应的半导体材料制成的光敏传感器叫光敏电阻(或光导管),是一种均质的半导体光电器件。为了提高灵敏度,光敏电阻采用梳状结构,其结构如图 2.33.1 所示。光敏电阻应用得极为广泛,利用光敏电阻制成的光控开关在日常生活中随处可见。当内光电效应发生时,光敏电阻电导率发生改变。当两端加上电压 U 后,产生光电流。在一定的光照度下,光电流和电压成线性关系。

光敏电阻的伏安特性如图 2.33.2 所示,不同的光照度可以得到不同的伏安特性,表明电阻值随光照度发生变化。光照度不变的情况下,电压越高,光电流也越大,光敏电阻的工作电压和电流都不能超过规定的最高额定值。

图 2.33.1　光敏电阻电极

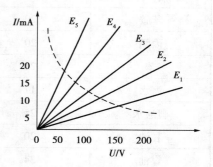

图 2.33.2　光敏电阻的伏安特性曲线

光敏电阻的光照特性如图 2.33.3 所示。不同的光敏电阻的光照特性是不同的,但是在大多数的情况下,曲线的形状都与图 2.33.3 类似。由于光敏电阻的光照特性是非线性的,因此不适宜作测量型的线性敏感元件,在自动控制中光敏电阻常用作开关量的光电传感器。

用不同的半导体材料制成的光敏电阻有着不同的光谱特性,见图 2.33.4。当不同波长的入射光照到光敏电阻的光敏面上,光敏电阻就有不同的灵敏度。

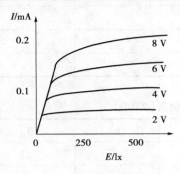

图 2.33.3　光敏电阻的光照特性曲线

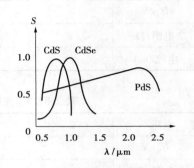

图 2.33.4　几种光敏电阻的光谱特性

2.33.3　实验仪器

光电探测原理实验仪一台;连接导线若干。

2.33.4　实验内容及步骤

(1)测试光敏电阻的暗电阻、亮电阻、光电阻

选择光电探测器件套筒,连接电路,光敏电阻没有光照射时,用万用表欧姆挡测得的电阻值为暗电阻 $R_{暗}$。在环境光照下测得的光敏电阻的阻值为亮电阻 $R_{亮}$,暗电阻与亮电阻之差为光电阻,光电阻越大,则灵敏度越高。

(2)光敏电阻的暗电流、亮电流、光电流

按图 2.33.5 接线,分别在暗光及有光源照射下测出输出电压 $U_{暗}$ 和 $U_{亮}$,电流 $I_{暗} = U_{暗}/R_L$,亮电流 $I_{亮} = U_{亮}/R_L$,亮电流与暗电流之差称为光电流,光电流越大则灵敏度越高。

(3)光敏电阻的伏安特性测试

按照图 2.33.5 接线,光源选用白光"0",每次在一定的光照条件下调节电源,测出当加在光敏电阻上电压为 $+2\,V$、$+4\,V$、$+6\,V$、$+8\,V$、$+10\,V$ 时电阻 R_L 两端的电压

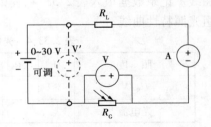

图 2.33.5　光敏电阻的测量电路

U_R 和电流数据 I,同时算出此时光敏电阻的阻值,并填入以下表格,根据实验数据画出光敏电阻的伏安特性曲线。

表 2.33.1　光敏电阻伏安特性测试数据表(100 lx)

工作电压	2	4	6	8	10
U_R/V					
电阻/Ω					
电流/mA					

表 2.33.2　光敏电阻伏安特性测试数据表（200 lx）

电压/V	2	4	6	8	10
U_R/V					
电阻/Ω					
电流/mA					

表 2.33.3　光敏电阻伏安特性测试数据表（400 lx）

电压/V	2	4	6	8	10
U_R/V					
电阻/Ω					
电流/mA					

（4）光敏电阻的光照特性测试

按照图 2.33.5 接好实验线路，光源选用白光"0"，负载电阻 R_L 选定 1 kΩ，实验者可仔细调节光源照度，得到不同的光源亮度。分别记录电源电压 $U_{CC} = 4$ V、8 V、10 V 时，每次在一定的外加电压下测出光敏电阻在相对光照度从 50 ~ 500 lx 的电流数据，即：$I_{ph} = \dfrac{U_R}{1.00 \text{ kΩ}}$，同时求出此时光敏电阻的阻值，即：$R_g = \dfrac{U_{cc} - U_R}{I_{ph}}$。这里要求尽量多的测点不同照度下的电流数据，尤其要在弱光位置选择较多的数据点，以使所得到的数据点能够绘出较为完整的光照特性曲线。记录数据填入表 2.33.4、表 2.33.5、表 2.33.6。根据测量实验数据画出光敏电阻的一组光照特性曲线。

表 2.33.4　光敏电阻光照特性测试数据表（电压:4 V）

照　度	0	50	100	150	200	250	300	350	400	450	500
U_R/V											
光电流											

表 2.33.5　光敏电阻光照特性测试数据表（电压:8 V）

照　度	0	50	100	150	200	250	300	350	400	450	500
U_R/V											
光电流											

表 2.33.6　光敏电阻光照特性测试数据表（电压:12 V）

照　度	0	50	100	150	200	250	300	350	400	450	500
U_R/V											
光电流											

（5）光敏电阻的光谱特性

按照图 2.33.5 接线，其工作电源可选用 10.00 V，用高亮度 LED（红、橙、黄、绿、青、蓝）作为光源。分别调节对应光源下照度至 50.0 lx 时，光敏电阻在各种光源照射下的光电流，将测得的数据记入表 2.33.7，据此作出光敏电阻大致的光谱特性曲线。

表 2.33.7　光敏电阻光谱特性测试

光源	红	橙	黄	绿	青	蓝
光电流/mA						

2.33.5　预习与思考

①光敏电阻与普通电阻有何不同？它有什么特点？

②试测试绘制不同照度下光敏电阻伏安特性曲线，比较它们的异同。

③不同偏压下，光敏电阻的光照特性曲线有何区别？

④根据光敏电阻光谱特性的定义，还有哪些简单易行的测量光谱响应的方法？

⑤如图 2.33.6 所示即为"光敏灯控"实验单元内的实际电路，在放大电路中，当光照度下降时晶体管 T 基极电压升高，T 导通，集电极负载 LED 流过的电流增大，LED 发光，这是一个暗通电路。根据图 2.33.6 暗通电路原理，试设计一个亮通控制电路。

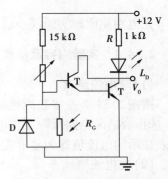

图 2.33.6　光敏灯控电路

2.34　光敏二极管特性实验

【背景简介】

光敏二极管是一种光电转换二极管，又称光电二极管。光敏二极管是利用硅 PN 结受光照后产生光电流的一种光电器件。有的光敏二极管为了提高其稳定性，还外加了一个屏蔽接地脚，外形似光敏三极管。光敏二极管工作于反向偏压，其光谱响应特性主要由半导体材料中所掺的杂质浓度所决定。光敏二极管在设计和制作时尽量使 PN 结的面积相对较大，以便接收入射光。光敏二极管是在反向电压作用下工作的，没有光照时，反向电流极其微弱，称为暗电流；有光照时，反向电流迅速增大到几十微安，称为光电流。光的强度越大，反向电流也越大。光的变化引起光电二极管电流变化，这就可以把光信号转换成电信号，成为光电传感器件。

2.34.1　实验目的

①了解光敏二极管的工作原理和使用方法及用途。

②掌握光敏二极管的伏安特性及其测试方法。

③掌握光敏二极管的光照特性及其测试方法。

2.34.2　实验原理

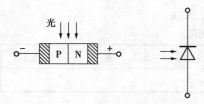

图 2.34.1　光敏二极管

光敏二极管与半导体二极管在结构上是类似的,其管芯是一个具有光敏特征的 PN 结,具有单向导电性,因此工作时需加上反向电压。光敏二极管的伏安特性相当于向下平移了的普通二极管,无光照时,有很小的饱和反向漏电流,即暗电流,此时光敏二极管截止。当受到光照时,饱和反向漏电流大大增加,形成光电流,它随入射光强度的变化而变化。光敏二极管结构如图 2.34.1 所示。

2.34.3　实验仪器

光电探测原理实验仪一台;连接导线若干。

2.34.4　实验内容及步骤

(1)暗电流测试

按图 2.34.2 连接套筒接线,注意光敏二极管一般是处于反向工作状态。在没有光照射时,选择合适的电路反向工作电压,选择适当的负载电阻。打开仪器电源,调节负载电阻值,微安表显示的电流值即为暗电流。

(2)光电流测试

调节使照度计显示 100 lx,电源偏压 10 V,观察微安表上光敏二极管光电流的变化。如光电流较大,则可减小工作电压或调节加大负载电阻。

(3)伏安特性测试实验

按图 2.34.2 连接实验线路,光源选用白光"0",选用 50 lx、100 lx、150 lx 三种照度。负载电阻用万用表确定阻值 1 kΩ。将可调光源调至一种照度,每次在该照度下,测出加在光敏二极管上的各反向偏压与产生的光电流的关系数据,其中光电流 $I_{ph} = \dfrac{U_R}{1.00 \ k\Omega}$(1 kΩ 为取样电阻),在三种光照度下重复上述实验。将测得数据记入表 2.34.1 至表 2.34.3。根据实验数据画出光敏二极管的伏安曲线。

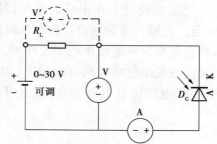

图 2.34.2　光敏二极管测试电路

表 2.34.1　光敏二极管伏安特性测试数据表（照度：50 lx）

电压/V	2	4	6	8	10	12
U_R/V						
电阻/Ω						
光电流/mA						

表 2.34.2　光敏二极管伏安特性测试数据表（照度：100 lx）

电压/V	2	4	6	8	10	12
U_R/V						
电阻/Ω						
光电流/mA						

表 2.34.3　光敏二极管伏安特性测试数据表（照度：150 lx）

电压/V	2	4	6	8	10	12
U_R/V						
电阻/Ω						
光电流/mA						

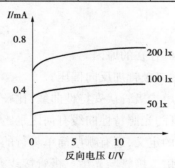

图 2.34.3　光敏二极管的伏安特性曲线

（4）光照度特性测试

实验电路如图 2.34.2 所示。光源选用白光"0"，由实验者按照从"弱—强"仔细调节光照度 50～500 lx，每选一种照度就选择 3 种反向偏压测试记录，测出光敏二极管在相对光照度为"弱光"到逐步增强的光电流数据。其中，$I_{ph} = \dfrac{U_R}{1.00\ \text{k}\Omega}$（1 kΩ 为取样电阻）。将测得数据记入表 2.34.4 至表 2.34.6。根据实验数据画出光敏二极管的光照特性曲线。

表 2.34.4　光敏二极管光照特性测试数据表（电压：5 V）

照度/lx	0	50	100	150	200	250	300	350	400	450	500
U_R/V											
光电流/mA											

表 2.34.5　光敏二极管光照特性测试数据表（电压：10 V）

照度/lx	0	50	100	150	200	250	300	350	400	450	500
U_R/V											
光电流/mA											

表 2.34.6　光敏二极管光照特性测试数据表（电压：15 V）

照度/lx	0	50	100	150	200	250	300	350	400	450	500
U_R/V											
光电流/mA											

　　光敏二极管的光照特性也呈良好线性，这是由于它的电流灵敏度一般为常数。而光敏三极管在弱光时灵敏度低些，在强光时则有饱和现象，这是由于电流放大倍数的非线性所至，对弱信号的检测不利。故一般在作线性检测元件时，可选择光敏二极管而不能用光敏三极管。

2.34.5　注意事项

　　本实验中硅光敏二极管暗电流很小，虽然提高了反向电压，但还是有可能不易测得。测试光电流时要缓慢地改变光照度，以免测试电路中的微安表指针打表。如微安表量程不够大，可选用万用表的 200 mA 电流挡。

2.34.6　预习与思考

①试说明光敏二极管的暗电流存在的原因。
②正常工作时，为何要给光敏二极管加反向偏压？
③试测试绘制不同照度下光敏二极管伏安特性曲线，比较它们的异同。
④在不同偏压下，光敏二极管的光照特性曲线有何区别？试从原理进行分析。
⑤根据光敏二极管光谱特性的定义，还有哪些简单易行的测量光谱响应的方法？
⑥试分析作为灯控器件的光敏二极管与光敏三极管接线方式。

2.35　光敏三极管特性测试

【背景简介】

　　光敏三极管(Phototransistor)和普通三极管相似，也有电流放大作用，只是它的集电极电流不只受基极电路和电流控制，同时也受光辐射的控制。通常基极不引出，但一些光敏三极管的基极有引出，用于温度补偿和附加控制等作用。光敏三极管又称光电三极管，它是一种光电转换器件，其基本原理是光照到 PN 结上时，吸收光能并转变为电能。当光敏三极管加上反向电压时，管子中的反向电流随着光照强度的改变而改变，光照强度越大，反向电流越大，大多数都工作在这种状态。当具有光敏特性的 PN 结受到光辐射时，形成光电流，由此产生的光生电流由基极进入发射极,从而在集电极回路中得到一个放大了相当于 β 倍的信号电流。不同材料制成的光敏三极管具有不同的光谱特性,与光敏二极管相比,具有很大的光电流放大作用,即很高的灵敏度。

2.35.1　实验目的

①了解光敏三极管的工作原理、使用方法及用途。
②掌握光敏三极管的伏安特性定义及其测试方法。
③掌握光敏三极管的光照特性及其测试方法。
④掌握光敏三极管的光谱特性及其测试方法。

2.35.2　实验原理

光敏三极管是具有 NPN 或 PNP 结构的半导体管,结构与普通三极管类似。但它的引出电极通常只有两个,入射光主要被面积做得较大的基区所吸收。光敏三极管的伏安特性和光敏二极管的伏安特性类似。但光敏三极管的光电流比同类型的光敏二极管大 $1 + h_{FE}$ 倍,零偏压时,光敏二极管有光电流输出,而光敏三极管则无光电流输出。原因是它们都能产生光生电动势,只因光电三极管的集电结在无反向偏压时没有放大作用,所以此时没有电流输出(或仅有很小的漏电流)。

光敏三极管的工作电路如图 2.35.1 所示。集电极接正电压,发射极接负电压。

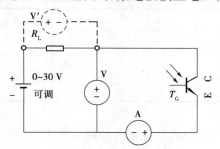

图 2.35.1　光敏三极管测试电路

2.35.3　实验仪器

光电探测原理实验仪一台;连接导线若干。

2.35.4　实验内容及步骤

(1)判断光敏三极管 C、E 极性

方法是用万用表 20 kΩ 电阻测试挡,红表棒接发射极,黑表棒接集电极,无光照时显示∞,光照增强时电阻迅速减小至 $1 \sim 2$ kΩ。若将黑表棒接发射极,红表棒接集电极,则不论光照变化与否万用表始终显示∞。

(2)伏安特性测试实验

按图 2.35.1 连接好实验线路,光源选用白光"0",负载电阻选用 1 kΩ。分别调节光照至

"50 lx""100 lx"和"150 lx"三种照度。每次在该光照条件下,测出加在光敏三极管的偏置电压 U_{CE} 与产生的光电流 I_c 的关系数据。其中,光电流为 $I_c = \dfrac{U_R}{1.00 \text{ k}\Omega}$(1 k$\Omega$ 为取样电阻),然后选用另两种照度后重复上述实验,将测得数据记入表2.35.1至表2.35.3。

表2.35.1 光敏三极管伏安特性测试数据表(照度:50 lx)

电压/V	2	4	6	8	10	12
U_R/V						
电阻/Ω						
光电流/mA						

表2.35.2 光敏三极管伏安特性测试数据表(照度:100 lx)

电压/V	2	4	6	8	10	12
U_R/V						
电阻/Ω						
光电流/mA						

表2.35.3 光敏三极管伏安特性测试数据表(照度:150 lx)

电压/V	2	4	6	8	10	12
U_R/V						
电阻/Ω						
光电流/mA						

根据实验数据画出光敏三极管的伏安特性曲线如图2.35.2所示。

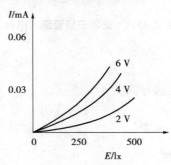

图2.35.2 光敏三极管的光照特性

(3)光照度特性测试实验

实验线路如图2.35.1所示。光源选用白光"0",由实验者按照从"弱—强"仔细调节"照度加"取得多种光照度(50~500 lx),每选一种照度选择3种反向偏压测试记录,测出光敏三极管在相对光照度为"弱光"到逐步增强的光电流数据,其中 $I_{\text{ph}} = \dfrac{U_R}{1.00\ \text{k}\Omega}$ (1 kΩ 为取样电阻)。记录数据填入表 2.35.4 至表 2.35.6。

表 2.35.4　光敏三极管光照特性测试数据表(电压:2 V)

照度/lx	0	50	100	150	200	250	300	350	400	450	500
U_R/V											
光电流/mA											

表 2.35.5　光敏三极管光照特性测试数据表(电压:4 V)

照度/lx	0	50	100	150	200	250	300	350	400	450	500
U_R/V											
光电流/mA											

表 2.35.6　光敏二极管光照特性测试数据表(电压:6 V)

照度/lx	0	50	100	150	200	250	300	350	400	450	500
U_R/V											
光电流/mA											

根据实验数据画出光敏三极管的光照特性曲线。

(4)光敏三极管对不同光谱的响应

在光照度一定时,光敏三极管输出的光电流随波长的改变而变化。一般说来,对于发射与接收的光敏器件,必须由同一种材料制成才能有此较好的波长响应,这就是光学工程中使用光电对管的原因。

按图 2.35.1 接好光敏三极管测试电路,其工作电源可选用 5.00 V,实验中发光源可用多种颜色的 LED(红、橙、黄、绿、青、蓝)。分别调节对应光源下照度至 80.0 lx 时,光敏电阻在各种光源照射下的光电流,将测得的数据记入表 2.35.7 中,据此作出光敏电阻大致的光谱特性曲线。

表 2.35.7　光敏电阻光谱特性测试

光　源	红	橙	黄	绿	青	蓝
光电流/mA						

2.35.5　预习与思考

①光敏三极管工作的原理与半导体三极管相似,为什么光敏三极管有两根引出电极就可以正常工作?

②试测试不同照度下的光敏三极管的伏安特性曲线,并同光敏二极管做比较。

③试测试不同照度下的光敏三极管的光照特性曲线,并同光敏二极管做比较。

2.36 硅光电池特性测试

【背景简介】

光电池的种类很多,常用的有硒光电池、硅光电池、硫化铊、硫化银光电池等,主要用于仪表、自动化遥测和遥控方面。有的光电池可以直接把太阳能转变为电能,这种光电池又叫太阳能电池。硅光电池是一种直接把光能转换成电能的半导体器件。它的结构很简单,核心部分是一个大面积的 PN 结。把一只透明玻璃外壳的点接触型二极管与一块微安表接成闭合回路,当二极管的管芯(PN 结)受到光照时,就会看到微安表的表针发生偏转,显示出回路里有电流,这个现象称为光生伏特效应。硅光电池的 PN 结面积要比二极管的 PN 结大得多,所以受到光照时产生的电动势和电流也大得多。

2.36.1 实验目的

①了解硅光电池的工作原理、使用方法及用途。
②掌握硅光电池的光电特性及其测试方法。
③掌握硅光电池的伏安特性定义及其测试方法。
④掌握简易的光强计设计。

2.36.2 实验原理

光电池的结构其实是一个较大面积的半导体 PN 结,工作原理是光生伏特效应,当负载接入 PN 两极(电路中的 E)后即得到功率输出。在一定光照度下,硅光电池的伏安特性呈非线性。

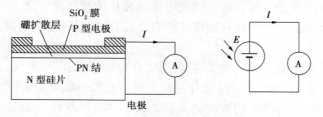

图 2.36.1 硅光电池原理图及其短路电流测量电路

当光照射硅光电池的时候,将产生一个由 N 区流向 P 区的光生电流 I_{ph};同时由于 PN 结二极管的特性,存在正向二极管管电流 I_D,此电流方向与光生电流方向相反。所以实际获得的电流为:

$$I = I_{ph} - I_D = I_{ph} - I_0\left[\exp\left(\frac{eV}{nk_BT}\right) - 1\right]$$

式中,V 为结电压,I_0 为二极管反向饱和电流;n 为理想系数,表示 PN 结的特性,通常在 1 和 2 之间;k_B 为波尔兹曼常熟,T 为绝对温度。短路电流是指负载电阻相对于光电池的内阻很小时的电流。在一定的光照度下,当光电池被短路时,结电压为 0,从而有:

$$I_{SC} = I_{ph}$$

负载电阻在 20 Ω 以下时,短路电流与光照有比较好的线性关系,负载电阻过大,则线性会变坏。

开路电压则是指负载电阻远大于光电池内阻时硅光电池两端的电压。而当硅光电池的输出端开路时有 $I=0$,开路电压为:

$$V_{OC} = \frac{nk_B T}{q} \ln\left(\frac{I_{SC}}{I_0} + 1\right)$$

开路电压与光照度之间为对数关系,因而具有饱和性。因此,把硅光电池作为敏感元件时,应该把它当作电流源的形式使用,即利用短路电流与光照度成线性的特点,这是硅光电池的主要优点。

2.36.3 实验仪器

光电探测原理实验仪一台;连接导线若干。

2.36.4 实验内容及步骤

(1)光电池短路电流测试

光电池结构原理及测试电路如图 2.36.1 所示,图中 E 为光电池。光电池的内阻在不同光照时是不同的,所以在测得暗光条件下光电池的内阻后,打开光源白光"0",调节不同照度 50 ~ 500 lx,记录光电流的变化情况填入表 2.36.1,观察光电流与光强的线性关系。

表 2.36.1　光电池短路电流测试

照度/lx	0	50	100	200	300	400	500
光电流							

(2)光电池光电特性测试

光电池的光生电流和光照度的关系为光电池的光电特性。

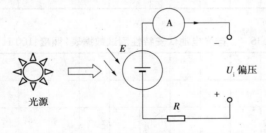

图 2.36.2　硅光电池光电特性测量电路

打开光源指示显示白光"0",按"照度加"或"照度减"使光照度依次显示 0、50 ~ 200 lx,测量偏压分别为 0 V、- 5 V、- 10 V 时光生电流的变化情况,并将测试数据填入表 2.36.2 中。

表 2.36.2　光电池光电特性测试

照度/lx		0	50	100	150	200
偏压 0 V	光电流(微安)					
偏压 - 5 V						
偏压 - 10 V						

可以看出,它们之间的关系是非线性的,当达到一定程度的光强后,开路电压就趋于饱和了。

(3)硅光电池的伏安特性测试

按照图2.36.3所示连接好实验线路,其中负载电阻用选配单元中的可调电阻(从 0 Ω 调至 5 kΩ),由实验者自行连接到电路中。光源用白光"0",分别选用"50 lx""100 lx"和"150 lx"三种照度。

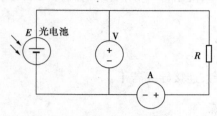

图2.36.3 硅光电池伏安特性测量电路

将可调光源打开,每次在一定的照度下,调节实验选配单元中的可调电阻并确定阻值,然后测出一组硅光电池的开路电压 U_{OC} 和取样电阻 R 两端的电压 U_R,则光电流 $I = U_R/R$ (R 为取样电阻的阻值)。改变负载电阻,测出尽可能多的数据点,以绘出完整的伏安特性曲线。然后在另两种光照度下重复上述实验。数据填入表2.36.3至表2.36.5。

表2.36.3 硅光电池伏安特性测试数据表(照度:50 lx)

R_x/Ω										
U_{OC}/V										
U_R/V										
光电流										

表2.36.4 硅光电池伏安特性测试数据表(照度:100 lx)

R_x/Ω								
U_{OC}/V								
U_R/V								
光电流								

表2.36.5 硅光电池伏安特性测试数据表(照度:150 lx)

R_x/Ω								
U_{OC}/V								
U_R/V								
光电流								

根据实验数据画出硅光电池的伏安特性曲线。

（4）光电池应用——光强计

图 2.36.4 为"光电池光强测试"单元内的电原理图。光电池接入时请注意极性。发光二极管已在电路中接入。调节光电池受光强度,分别在光照很暗、正常光照和光照很强时观察两个发光二极管,这样就形成了一个简易的光强计。

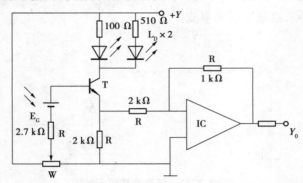

图 2.36.4　光电池光强测试电路

2.36.5　预习与思考

①什么是光生伏特效应？说明硅光电池的结构和原理。

②比较硅光电池零偏、反偏时光照-电流特性。

③试测试绘制不同照度下硅光电池伏安特性曲线,比较它们的异同。

2.37　真空获得与测量

【背景简介】

真空是指低于大气压力的气体的给定空间,即每立方厘米空间中气体分子数大约少于两千五百亿亿个的给定空间。真空技术是建立低于大气压力的物理环境以及在此环境中进行工艺制作、物理测量和科学试验等所需的技术,主要包括真空获得、真空测量、真空检漏和真空应用四个方面。在真空技术发展中,这四个方面的技术是相互促进的。随着真空获得技术的发展,真空应用日渐扩大到工业和科学研究的各个方面,如灯泡、电子管、加速器、真空镀膜等。

2.37.1　实验目的

①了解真空系统的基本结构。

②了解低真空的获得设备——机械泵的原理及使用。

③了解热传导真空计、U 形真空计、高频火花真空测定仪的原理及使用。

2.37.2　实验仪器

根据不同的工作需要,可组建各种真空系统。最简单的系统结构只需机械泵加上测量仪器即可获得粗真空到低真空的工作氛围,如图 2.37.1 所示。本实验所使用的就是最简单的低真空系统。

在机械泵的进气口管道上一定要装上放气阀,如图 2.37.1 中活塞 C_2。当系统抽气时将其关闭,而当泵停止工作后立即将它打开与大气相通,放气入泵。否则,停泵后,泵的出气口与进气口之间约有一倍大气压的压力差,在此压差作用下油会慢慢地从排气阀门渗到进气口并进入真空系统造成污染,这就是返油事故。

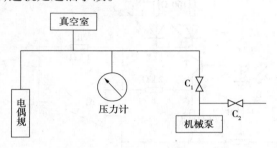

图 2.37.1　低真空系统示意图

低真空测量用 U 形压力计和热偶计。对玻璃系统可用高频电火花真空测定仪激发气体使之放电,通过观测放电辉光颜色,即可估计真空度的大概数量级。

2.37.3　实验原理

真空系统是指压强小于 1 个大气压的系统。

(1)真空的获得

1)机械泵

旋片式机械泵的结构如图 2.37.1 所示。活门的作用是让气体从泵中排出,而不让大气进入泵中,刮板(旋片)紧贴在定子空腔内壁上并有弹簧紧密相连。图 2.37.2 所示为机械泵抽气的过程,分 a、b、c、d 四个过程。

a 表示两刮板转动时被抽容器内气体从进气口进入泵内。

b 表示两刮板继续转动时被抽容器内气体不断涌入泵中。

c 表示两刮板继续转动时被抽容器 C 内气体被刮板 B 与被抽容器隔开,并被压缩到排气阀门。

d 表示两刮板继续转动,被压缩气体压强大于大气压,这时排气阀门被打开,气体排出泵外。

机械泵的主要指标是极限压强和抽气速率。常用机械泵最低压强可达 $1 \sim 10^{-1}$ pa。

2)扩散泵(本次实验中并未使用,可简单了解)

扩散泵是靠油的蒸发—喷射—凝结重复循环来实现抽气的,由于射流具有高流速(约 200 m/s)、高的蒸汽密度,且扩散泵油分子量大(300~500),故能有效地带走气体分子。气体分子被带往出口处再由机械泵抽走。

(2)真空的测量

测量真空的仪器种类很多,本实验选用 U 形压力计、热偶真空计和高频电火花真空测定仪。

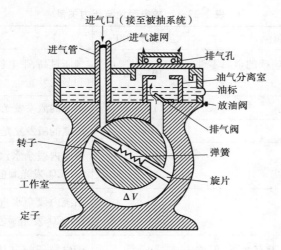

图 2.37.2　机械泵原理图

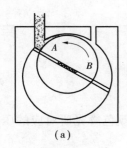 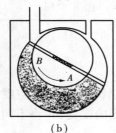 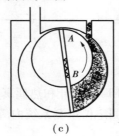 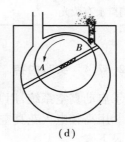

（a）　　　　　（b）　　　　　（c）　　　　　（d）

图 2.37.3　机械泵的抽气过程

①水银 U 形压力计构造简单,无须校准,可以在气压不太低时使用。一般压力计一端封闭,另一端接入真空系统,封闭段为真空,这样压力计可直接指示总压力,两边水银柱的高度差即为总压力。对于精密工作,则需进行温度修正。对于压力较低(低于 10^3 Pa)的测量,油压力计比水银压力计更精确,因为油的密度低得多,绝对压力 $P = \rho_{油}gh$,式中,h 是油压力计的读数。

②热偶真空规的原理是利用在低气压下气体的热导率与压强之间的依赖关系。在玻璃管中封入加热丝及两根不同金属丝制成一对热电偶。当加热丝通以恒定的电流时,热丝的温度一定。当气体压强降低时,O 点温度升高,则热电偶两端的热电动势增大,由外接毫伏计读出电压升高,压强与热电动势并非线性关系。热偶真空计的测量范围为 $100 \sim 10^{-1}$ Pa,它不能测量更低的压强。这是因为当压强更低时,热丝的温度较高,此时气体分子热传导带走的热量很小,而由热丝引线本身产生的热传导和热辐射这两部分不再与压强有关,因此就达到了测量下限。

③高频电火花真空测定仪(捡漏仪)是一种粗略测量玻璃真空系统的仪器,接通电源后,调节放电火花间隙,当产生击穿放电时,将高频放电探头在被抽容器处不停地移动。随着压强的变化,系统内放电辉光的颜色不断变化,从放电颜色可粗略估计真空系统的气压,放电颜色与气体压力关系如表 2.37.1 所示。当气压低于 10^{-2} Pa 时,火花仪就不再适用了。

表 2.37.1　放电颜色与压力关系

放电辉光颜色	系统压力/Pa	说　明
不发光,在管内靠近玻璃壁的金属零件上有光点	$10^5 \sim 10^3$	气压过高,带电粒子不足以使气体电离和激发发光
紫色条纹或一片紫红色	$10^3 \sim 1$	氧氮的激发发光颜色
一片淡红色	$10 \sim 1$	氧氮的激发发光颜色
淡青白色	$1 \sim 10^{-1}$	系统内残余水汽和阴极分解时放出的 CO、CO_2 发光颜色
玻璃上有局部的微光	$10^{-1} \sim 10^{-2}$	系统内残余水汽和阴极分解时放出的 CO、CO_2 发光颜色
不发光,在金属零件上没有光点,但玻璃壁上有荧光	$< 10^{-2}$	带电粒子与气体分子碰撞太少,发光微弱

2.37.4　实验内容

①启动真空系统,用 U 形压力计和热偶真空计测量系统真空度。

②用高频电火花真空测定仪观测系统内辉光的变化,并将不同颜色辉光所对应的压力范围记录下来。

③抽至极限真空度,测量 P—t 关系曲线。

2.37.5　实验步骤

①打开热偶真空计电源开关,对热偶规进行加热,将换向开关接通加热挡,调节工作电流为 130 mA(在真实的实验中,此过程大约需要 20 min,仿真实验中,电流调节完毕即认为加热过程已经完成)。加热结束后必须将换项开关接通测量挡,因为后面的实验中要使用热偶真空计来测量压强。

②打开活塞 C_1,使真空室与机械泵相连通,此时 U 形真空计两水银面高度将发生变化。待两管内水银面高度差稳定后,关闭活塞 C_2,启动机械泵电源开关。

③启动计时秒表,每隔 20 秒点击记录按钮记录一个压强值,填入表 2.37.2 中。实验过程中,可利用火花发电仪在真空容器附近观察真空系统内辉光的变化,并将辉光的颜色与相对应的热偶真空计所显示的压强值记录在表 2.37.3 中。

表 2.37.2　压强与时间表(P—t 表)

时间 t	20 s	40 s	...	
压强 P				(直到压强不变)

表 2.37.3　辉光颜色与系统压力关系的数据记录

放电辉光颜色	系统压力/Pa
紫色条纹或一片紫红色	
一片淡红色	
淡青白色	
玻璃上有局部的微光	
不发光,在金属零件上没有光点,但玻璃壁上有荧光	

④当抽到极限真空度时,系统会提示做好关闭电源的准备。此时可以停表,首先关闭活塞 C_1,再关闭电源开关,最后打开活塞 C_2。

⑤实验完成后点击右键提交实验报告,会得到 P—t 曲线及实验成绩,将 P—t 曲线记录在报告本上。

2.37.6　预习与思考题

①热偶真空计测真空的原理是什么? 限制热偶计测量下限的主要因素是什么?

②机械泵停泵后,应注意哪些事项,为什么?

③机械泵的主要参量是什么?

④火花仪不能连续使用的原因是什么?

2.37.7　注意事项

①开泵之前一定要关闭放气阀,关泵之前一定要先关闭阀门,然后停泵并立即打开放气阀。

②工作中要经常检查冷却水管是否通畅。

③对玻璃系统操作一定要轻缓,事先把步骤拟好,正确无误方可进行实验。

④高频火花仪的探头要离开玻璃管 1 cm 左右的距离,不可与管壁接触,也不可以停在一处,以免打裂玻璃。

2.38　真空蒸发镀膜与膜厚测量

【背景简介】

真空镀膜技术是真空技术的一个重要分支,已广泛地应用于理化仪器、建筑机械、包装、民用制品、表面科学等领域中。真空镀膜方法主要有蒸发镀、溅射镀、离子镀、束流沉积镀等,目的是为了改变物质表面的物理、化学性能。真空镀膜的主要应用包括:光学玻璃膜、电元件导电膜和绝缘膜(如存储器、运算器、逻辑元件)、金属陶瓷电阻膜等。另外,蒸发钛酸钡可以制造磁致伸缩的起声元件,还可以对珠宝、钟表外壳表面、纺织品金属花纹、金丝银丝线等蒸镀装饰用薄膜,以及采用溅射镀或离子镀对刀具、模具等制造超硬膜。

2.38.1 实验目的

①了解真空蒸发镀膜设备的结构和工作原理。

②初步了解和学会真空镀膜机的原理和操作技术,并能成功地在光学玻璃基片上镀单层铝膜。

③了解椭圆偏振仪测量薄膜参数的原理。

④初步掌握反射型椭圆偏振仪的使用方法。

2.38.2 实验原理

(1)真空蒸发镀膜

真空镀膜是将固体材料置于真空室内,在真空条件下,将固体材料加热蒸发,蒸发出来的原子或分子能自由地弥散到容器的器壁上。当把一些加工好的基板材料放在其中时,蒸发出来的原子或分子就会吸附在基板上逐渐形成一层薄膜。真空镀膜有两种方法,一是蒸发,二是溅射。本次实验采用蒸发方法,在真空中把制作薄膜的材料加热蒸发,使其淀积在适当的表面上。DM-450A 镀膜机的结构如图 2.38.1 所示。

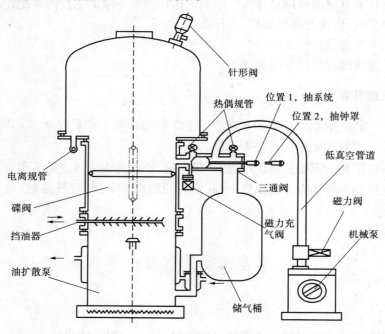

图 2.38.1　DM-450A 镀膜机的结构示意图

蒸发源的形状如图 2.38.2 所示。

蒸发源选取原则:

①有良好的热稳定性,化学性质不活泼,达到蒸发温度时加热器本身的蒸汽压要足够低。

②蒸发源的熔点要高于被蒸发物的蒸发温度。加热器要有足够大的热容量。

③蒸发物质和蒸发源材料的互熔性必须很低,不易形成合金。

④要求线圈状蒸发源所用材料能与蒸发材料有良好的浸润,有较大的表面张力。

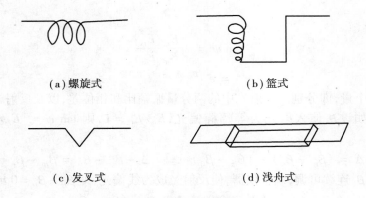

（a）螺旋式　　　　　　（b）篮式

（c）发叉式　　　　　　（d）浅舟式

图 2.38.2　不同形状的蒸发源

⑤对于不易制成丝状或蒸发材料与丝状蒸发源的表面张力较小时,可采用舟状蒸发源。

（2）椭偏仪测量薄膜厚度和折射率

在一光学材料上镀各向同性的单层介质膜后,光线的反射和折射在一般情况下会同时存在。通常,设介质层为 n_1、n_2、n_3,φ_1 为入射角,那么在 1、2 介质交界面和 2、3 介质交界面会产生反射光和折射光的多光束干涉,如图 2.38.3 所示。

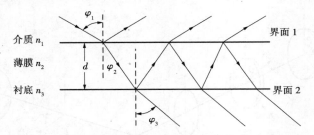

图 2.38.3　介质层表面的反射光和折射光的多光束干涉

若 E_{ip} 和 E_{is} 分别代表入射光波电矢量的 p 分量和 s 分量,E_{rp} 和 E_{rs} 分别代表反射光波电矢量的 p 分量和 s 分量,则将上述 E_{ip}、E_{is}、E_{rp}、E_{rs} 四个量写成一个量 G,即:

$$G = \frac{E_{rp}/E_{rs}}{E_{ip}/E_{is}} = \tan\psi e^{i\Delta} = \frac{r_{1p} + r_{2p}e^{-i2\varphi}}{1 + r_{1p}r_{2p}e^{-i2\delta}} \cdot \frac{r_{1s} + r_{2s}e^{-i2\varphi}}{1 + r_{1s}r_{2s}e^{-i2\delta}} \tag{2.38.1}$$

我们定义 G 为反射系数比,它应为一个复数,可用 $\tan\psi$ 和 Δ 表示它的模和幅角。上述公式的过程量转换可由菲涅耳公式和折射公式给出。

推导出 ψ 和 Δ 与 r_{1p}、r_{1s}、r_{2p}、r_{2s} 和 δ 的关系:

$$\tan\psi = \left[\frac{r_{1p}^2 + r_{2p}^2 + 2r_{1p}r_{2p}\cos 2\delta}{1 + r_{1p}^2 r_{2p}^2 + 2r_{1p}r_{2p}\cos 2\delta} \cdot \frac{1 + r_{1s}^2 r_{2s}^2 + 2r_{1s}r_{2s}\cos 2\delta}{r_{1s}^2 + r_{2s}^2 + 2r_{1s}r_{2s}\cos 2\delta} \right]^{1/2} \tag{2.38.2}$$

$$\Delta = \arctan\frac{-r_{2p}(1 - r_{1p}^2)\sin 2\delta}{r_{1p}(1 + r_{2p}^2) + r_{2p}(1 + r_{1p}^2)\cos 2\delta} - \arctan\frac{-r_{2s}(1 - r_{1s}^2)\sin 2\delta}{r_{1s}(1 + r_{2s}^2) + r_{2s}(1 + r_{1s}^2)\cos 2\delta}$$

$$\tag{2.38.3}$$

由上式经计算机运算,可制作数表或计算程序。这就是椭偏仪测量薄膜的基本原理。

$$G = \tan\psi e^{i\Delta} = \frac{|E_{rp}/E_{rs}|}{|E_{ip}/E_{is}|}e^{i|(\beta_{rp}-\beta_{rs})-(\beta_{ip}-\beta_{is})|} \tag{2.38.4}$$

其中：

$$\tan \psi = \frac{|E_{rp}/E_{rs}|}{|E_{ip}/E_{is}|} \qquad (2.38.5)$$

$$e^{i\Delta} = e^{i|(\beta_{rp}-\beta_{rs})-(\beta_{ip}-\beta_{is})|} \qquad (2.38.6)$$

这时需测四个量，即分别测入射光中的两分量振幅比和相位差，以及反射光中的两分量振幅比和相位差。如设法使入射光为等幅椭偏光，$E_{ip}/E_{is} = 1$，则 $\tan \psi = |E_{rp}/E_{rs}|$；对于相位角，有：

$$\Delta = (\beta_{rp} - \beta_{rs}) - (\beta_{ip} - \beta_{is}) \implies \Delta + \beta_{ip} - \beta_{is} = \beta_{rp} - \beta_{rs} \qquad (2.38.7)$$

因为入射光 $\beta_{ip} - \beta_{is}$ 连续可调，调整仪器，使反射光成为线偏光，即 $\beta_{rp} - \beta_{rs} = 0$ 或 (π)，则

$$\Delta = -(\beta_{ip} - \beta_{is}) \quad 或 \quad \Delta = \pi - (\beta_{ip} - \beta_{is}) \qquad (2.38.8)$$

可见 Δ 只与反射光的 p 波和 s 波的相位差有关，可从起偏器的方位角算出。对于特定的膜，Δ 是定值，只要改变入射光两分量的相位差 $(\beta_{ip} - \beta_{is})$，肯定会找到特定值使反射光成线偏光，$\beta_{rp} - \beta_{rs} = 0$ 或 (π)。

实际检测原理和方法如下：

①等幅椭圆偏振光的获得。实验光路如图 2.38.4 所示。

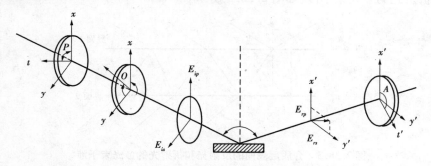

图 2.38.4 等幅椭圆偏振光的获得图

a. 平面偏振光通过四分之一波片，使得具有 $\pm \pi/4$ 相位差。

b. 使入射光的振动平面和四分之一波片的主截面成 45°。

②反射光的检测。将四分之一波片置于其快轴方向 f 与 x 方向的夹角 α 为 $\pi/4$ 的方位，E_0 为通过起偏器后的电矢量，P 为 E_0 与 x 方向间的夹角。通过四分之一波片后，E_0 沿快轴的分量与沿慢轴的分量比较，相位上超前 $\pi/2$。

$$\begin{cases} E_f = E_0 e^{i\pi/2} \cos\left(P - \dfrac{\pi}{4}\right) \\ E_s = E_0 \sin\left(P - \dfrac{\pi}{4}\right) \end{cases} \qquad (2.38.9)$$

在 x 轴、y 轴上的分量为：

$$E_x = E_f \cos \pi/4 - E_s \sin \pi/4 = \frac{\sqrt{2}}{2} E_0 e^{i\pi/2} e^{i(P-\pi/4)} \qquad (2.38.10)$$

$$E_y = E_f \sin \pi/4 + E_s \cos \pi/4 = \frac{\sqrt{2}}{2} E_0 e^{i\pi/2} e^{-i(P-\pi/4)} \qquad (2.38.11)$$

由于 x 轴在入射面内，而 y 轴与入射面垂直，故 E_x 就是 E_{ip}，E_y 就是 E_{is}。

$$\begin{cases} E_{ip} = \dfrac{\sqrt{2}}{2} E_0 e^{i(\pi/4+P)} \\ E_{is} = \dfrac{\sqrt{2}}{2} E_0 e^{i(\pi/4-P)} \end{cases}$$

(2.38.12)

由此可见,当 $\alpha = \pi/4$ 时,入射光的两分量的振幅均为 $\sqrt{2}E_0/2$,它们之间的相位差为 $2P - \pi/2$,改变 P 的数值可得到相位差连续可变的等幅椭圆偏振光。这一结果写成:

$$|E_{ip}/E_{is}| = 1 \ ,\beta_{ip} - \beta_{is} = 2P - \frac{\pi}{2}$$

(2.38.13)

同理,当 $\alpha = -\pi/4$ 时,入射光的两分量的振幅也为 $\sqrt{2}E_0/2$,相位差为 $\left(\dfrac{\pi}{2} - 2P \right)$。

2.38.3　实验仪器

DM-450A 镀膜机、椭圆偏振仪。

2.38.4　实验内容和步骤

①开总电源。
②开磁力充气阀,对钟罩充气完毕关充气阀,升钟罩。
③安装蒸发源,蒸发材料及样品。
④扣下钟罩,开机械泵,低阀处在"抽钟罩"位置,接通低真空测量。
⑤机械泵对镀膜室抽低真空至 $1.3\ p_a$。
⑥接通轰击电路,开工件旋转,调节针阀,使真空度保持在 $20\text{-}8\ p_a$。调节右调压器 1 BZ,进行离子轰击,约 20 min 后,将调压器调回"0",关针形阀。
⑦接通冷却水,将低阀推至位置 I,开扩散泵加热 40 min 后开高阀,待真空度超过 $1.3 \times 10^{-1} p_a$ 时接通高真空测量,低真空换至扩散泵前级测量。
⑧接通烘烤,调节左调压器 2 BZ 至所需功率。
⑨开工件旋转。
⑩选好蒸发电极,将电流分配塞插入,接通蒸发,调节调压器逐渐加大电流,开始时用挡板挡住蒸发源,避免初熔时的杂质蒸到工件上。
⑪加大电流开始蒸发,移去挡板进行镀膜。
⑫镀膜完毕,转动挡板挡住蒸发源,迅速将调压器回"0"。
⑬选择电流分配器,使另一半蒸发电极工作,再按步骤⑪ ~ ⑫进行第二种材料的蒸镀。蒸镀全部结束,关蒸发。
⑭带工件冷却后,关高真空测量,关高阀,低阀拉出到位置 II,停机械泵,对钟罩充气,开始罩取零件,清洗镀膜室。
⑮需进行下一次镀膜时操作程序如下:
a. 同步骤③
b. 关钟罩,接通低真空测量,开机械泵,对镀膜室抽低真空。
c. 同步骤⑥
d. 将低阀推至"抽系统"位置,开高阀,接通高真空测量,低真空换至前级测量。

e. 按步骤⑧~步骤⑬进行。

⑯需要停止镀膜机的全部工作时,先关高真空测量,停扩散泵加热,关高阀,低阀处于抽系统位置,在扩散泵停止加热 1 h 后,停机械泵,切断冷却水,全部工作结束。

测量真空度和时间的关系,将数据填入表 2.38.1 中。

表 2.38.1　真空度随时间的变化

时间/h	0.5	1	1.5	2	2.5	3
真空度						

椭圆偏振仪的实验数据填入表 2.38.2。

表 2.38.2　椭圆偏振仪的测量数据

1/4 波片置 +45				1/4 波片置 −45°			
A1	P1	A2	P2	A3	P3	A4	P4

2.38.5　预习与思考

①扩散泵启动前必须要有机械泵提供的前级真空度,否则会出现什么后果?

②真空蒸发镀膜时,轰击装置的作用是什么?

③打开钟罩之前,为什么必须充大气?

④我们使用的 DM-300 真空镀膜机,为什么在机械泵和扩散泵之间要加储气罐?

⑤1/4 波片的作用是什么?

⑥椭偏光法测量薄膜厚度的基本原理是什么?

⑦用反射型椭偏仪测量薄膜厚度时,对样品的制备有什么要求?

2.38.6　注意事项

①开机要先检查水路的畅通性,确定冷却塔、真空泵是否正常工作,检查气路是否畅通,确定空压机是否正常工作。

②要确定真空室内的膜料、蒸发源、工件架是否按要求放置。

③工艺完成后,待真空镀膜设备冷却一消失后方可关闭电源。

④未经允许不可开电柜、真空室的屏蔽门。

⑤必须要保持原材料和基底的清洁度,如果混有颗粒状或纤维状的杂质,薄膜的均匀性和牢固质就会受影响。

2.39　磁控溅射法制备薄膜材料

【背景简介】

磁控溅射是最广泛的一种溅射沉积方法,是在高真空中充入适量的氩气,在阴极(柱状靶或平面靶)和阳极(镀膜室壁)之间施加几百千伏直流电压,在镀膜室内产生磁控型异常辉光放电,使氩气发生电离。氩离子被阴极加速并轰击阴极靶表面,将靶材表面原子溅射出来沉积在基底表面上形成薄膜。这种方法的沉积速率可以比其他溅射方法高出一个数量级。磁控溅射法具有镀膜层与基材的结合力强、镀膜层致密、均匀等优点。这个方面要归结于在磁场中电子的电离效率提高,另一方面还因为在较低气压条件下溅射原子被散射的几率减小。

2.39.1　实验目的

①掌握磁控溅射法制膜的基本原理。
②了解多功能磁控溅射镀膜仪的操作过程及使用范围。
③学习用磁控溅射法制备金属薄膜。

2.39.2　实验原理

溅射是入射粒子和靶的碰撞过程。入射粒子在靶中经历复杂的散射过程,和靶原子碰撞,把部分动量传给靶原子。此靶原子又和其他靶原子碰撞,形成级联过程。在这种级联过程中,某些表面附近的靶原子获得向外运动的足够动量,离开靶被溅射出来。

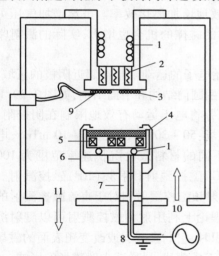

图 2.39.1　磁控溅射的内部结构示意图
1—水冷却系统;2—加热电阻;3—基底;
4—靶;5—永磁体;6—屏蔽罩;
7—绝缘体;8—射频线;9—热电偶;
10—进气口;11—排气口

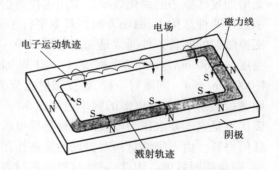

图 2.39.2　磁控溅射的工作原理图

溅射的特点是:
①溅射粒子(主要是原子,还有少量离子等)的平均能量达几个电子伏,比蒸发粒子的平均动能 kT 高得多(3 000 K 蒸发时平均动能仅 0.26 eV),溅射粒子的角分布与入射离子的方向有关。
②入射离子能量增大(在几千电子伏范围内),溅射率(溅射出来的粒子数与入射离子数

之比）增大。入射离子能量再增大，溅射率达到极值；能量增大到几万电子伏，离子注入效应增强，溅射率下降。

③入射离子质量增大，溅射率增大。

④入射离子方向与靶面法线方向的夹角增大，溅射率增大（倾斜入射比垂直入射时溅射率大）。

⑤单晶靶由于焦距碰撞（级联过程中传递的动量愈来愈接近原子列方向），在密排方向上发生优先溅射。

⑥不同靶材的溅射率很不相同。

通常的溅射方法，溅射效率不高。为了提高溅射效率，首先需要增加气体的离化效率。为了说明这一点，先讨论一下溅射过程。

当经过加速的入射离子轰击靶材（阴极）表面时，会引起电子发射，在阴极表面产生的这些电子开始向阳极加速后进入负辉光区，并与中性的气体原子碰撞，产生自持的辉光放电所需的离子。这些初始电子(primary electrons)的平均自由程随电子能量的增大而增大，但随气压的增大而减小。在低气压下，离子是在远离阴极的地方产生，故它们的热壁损失较大。同时，有很多初始电子可以较大的能量碰撞阳极，所引起的损失又不能被碰撞引起的次级发射电子抵消，这时离化效率很低，以至于不能达到自持的辉光放电所需的离子。通过增大加速电压的方法也同时增加了电子的平均自由程，从而也不能有效地增加离化效率。虽然增加气压可以提高离化率，但在较高的气压下，溅射出的粒子与气体的碰撞的机会也增大，实际的溅射率也很难有大的提高。

如果加上一平行于阴极表面的磁场，就可以将初始电子的运动限制在邻近阴极的区域，从而增加气体原子的离化效率。常用磁控溅射仪主要使用圆筒结构和平面结构，如图 2.39.1 所示。这两种结构中，磁场方向都基本平行于阴极表面，并将电子运动有效地限制在阴极附近。磁控溅射的制备条件通常是加速电压：300 ~ 800 V，磁场：50 ~ 300 G，气压：1 ~ 10 mTorr，电流密度：4 ~ 60 mA/cm²，功率密度：1 ~ 40 W/cm²，对于不同的材料最大沉积速率范围为 100 ~ 1 000 nm/min。同溅射一样，磁控溅射也分为直流（DC）磁控溅射和射频（RF）磁控溅射。射频磁控溅射中，射频电源的频率通常在 50 ~ 30 MHz。射频磁控溅射相对于直流磁控溅射的主要优点是它不要求作为电极的靶材是导电的。因此，理论上利用射频磁控溅射可以溅射沉积任何材料。由于磁性材料对磁场的屏蔽作用，溅射沉积时，它们会减弱或改变靶表面的磁场分布，影响溅射效率。因此，磁性材料的靶材需要特别加工成薄片，尽量减少对磁场的影响。

2.39.3　实验仪器和实验材料

磁控溅射镀膜机；超声波清洗仪；金属靶；硅片；玻璃片；酒精；丙酮等。

2.39.4　实验内容

本实验室采用磁控溅射沉积技术，在玻璃和硅衬底上镀金属薄膜。

2.39.5　实验步骤

（1）清洗衬底

把硅片和玻璃片放进烧杯中，倒入适量丙酮，超声清洗 5 min，倒掉丙酮，倒入酒精，再超声清洗 5 min。清洗干净后在氮气保护下干燥。干燥后,将基片倾斜 45°观察,若不出现干涉彩虹,则说明基片已清洗干净。

（2）将样品放入样品室内

①打开冷却水。

②打开设备的总电源。

③打开"放气阀",反应室充气,充气完毕关"放气阀"。

④按下溅射室盖"升"按钮,将盖缓缓升起。

⑤将清洗好的衬底安装在"样品托"上。

⑥按下溅射室盖的"降"按钮,让盖缓缓降下,下降过程中注意"盖"与"室"要对位好。

（3）抽真空

①按下控制电源面板上的"机械泵"按钮,然后打开 V4 阀进行预抽真空。

②打开复合真空计的电源,即可监测系统的真空度。

③等到真空度低于 30 Pa 后,关闭 V4 阀,按下控制电源面板上的"电磁阀"按钮,同时打开分子泵总电源,预热 10 min。

④按下分子泵控制面板上的"启动"按钮,启动分子泵,打开闸板阀 G,抽高真空,真空度达到 2×10^{-3} Pa。

（4）通入工作气体

①按下电离真空计的"功能"按钮,关闭电离真空计。

②打开 V1 阀,同时打开直流电源预热 10 min。

③打开氩气瓶的阀,打开气体流量计的总电源,把气体流量计的开关拨至"阀控"挡,顺时针缓慢调节旋钮,磁控溅射的工作气压一般为 3～5 Pa,所以可适当调小"闸板法"的通道宽度,大约预留 4～5 个螺纹高度。

（5）镀膜

①当真空室的压力稳定在 3～5 Pa 的时候,顺时针调节直流电源的"功率微调"旋钮直至起辉。当电压突然下降,电流表有读数时,可以观察到真空室辉光放电的现象。

②继续提高功率至实验要求的功率,然后旋开挡板,按样品转动按钮,打开旋转开关,顺时针调 2 格左右,使样品台缓缓转动,以便得到均匀的薄膜,计时 10 min。

（6）取样关机

①实验完毕,缓慢逆时针调小功率开关,直到电压电流的读数为 0,关闭电源。

②气体流量计读数调为 0,开关拨到"关闭"挡,关总电源。

③关闭气瓶阀,关真空计。

④关闭 V1 阀,关闭闸板阀 G,关分子泵的停止按钮,直到分子泵的频率从 600 降到 0 时才可以关分子泵总电源。

⑤关闭电磁阀,关机械泵,充气取样。

⑥取完样品,关闭反应室,开机械泵,开 V4 阀,真空度达到 10 Pa 以下时关 V4 阀,关机械泵,关总电源。

⑦关水。

2.39.6　预习与思考

①磁控溅射的技术分类有哪几种? 各有什么特点?

②磁控溅射法制备薄膜的优点和缺点各有哪些?

③为什么要对基片进行清洗,如何判断基片是否清洗干净?

④磁控溅射法中抽真空分为哪几个步骤,为什么要分步进行?

2.39.7　注意事项

①真空罩一定要与底座密合好。

②磁控靶、离子枪、分子泵及水冷盘工作时,一定要通水冷却。

③磁控溅射室、离子束溅射室和进样室烘烤时,真空室壁面及观察窗温度不得超过100 ℃。

④实验开始抽真空时,则需要先按下低真空键,等气压达到 5×100 Pa 时,再按下高真空键。而实验结束时,不能直接按放气键,一定要先把分子泵隔离开。

⑤在室体内溅射完毕之后,样品可随炉冷却,真空室内温度不高于 60 ℃时再暴露大气。

⑥实验结束后,一定要把仪器关掉,注意安全。

2.40　用溶胶—凝胶法制备纳米颗粒

【背景简介】

随着纳米技术的日益发展,纳米材料的制备方法日益受到人们的关注。目前制备纳米颗粒的方法很多,溶胶—凝胶法因其具有独特的优势在材料科学、色谱分析以及光催化方面都有广泛的应用。

2.40.1　实验目的

①理解并掌握溶胶—凝胶法制备纳米颗粒的原理。

②学会用溶胶—凝胶法制备 TiO_2 纳米颗粒。

③了解表征纳米颗粒的常用手段。

2.40.2　实验原理

溶胶—凝胶法(Sol—Gel 法,简称 S-G 法)是指无机物或金属醇盐作为前驱体,在液相中将这些原料均匀混合,并进行水解、缩合化学反应,在溶液中形成稳定的透明溶胶体系。溶胶经陈化,胶粒间缓慢聚合,形成三维空间网格结构的凝胶,凝胶网格间充满了失去流动性的溶剂,形成凝胶。凝胶经过干燥、烧结固化制备出分子乃至纳米亚结构的材料。

该方法最基本的反应过程包括水解反应和聚合反应。

①水解反应:$M(OP)_n + H_2O \rightarrow M(OH)_x(OR)_{n-x} + xROH$

②聚合反应:$-M-OH + HO-M- \rightarrow -M-O-M- + H_2O$

$-M-OR + HO-M- \rightarrow -M-O-M- + ROH$

该方法的优点是:①反应温度低,反应过程易于控制;②制品的均匀度和纯度高、均匀性可达分子或原子水平;③化学计量准确,易于改性,掺杂的范围宽(包括掺杂的量和种类);④从同一种原料出发,改变工艺过程即可获得不同的产品如粉料、薄膜、纤维等;⑤工艺简单,不需要昂贵的设备。但目前该技术仍处于发展完善阶段,如制备过程所需时间较长(主要指陈化时间),常需要几天或者几周。凝胶中存在大量微孔,在干燥过程中又将会逸出许多气体及有机物,并产生收缩。

正是基于溶胶—凝胶法的特点,它主要适于氧化物和 Ⅱ ~ Ⅵ 族化合物的制备。本实验主要实现二氧化钛(TiO_2)纳米颗粒的制备。

2.40.3　实验仪器与试剂

仪器:电磁搅拌器、离心机、恒温干燥厢、高温炉、热重/差热分析仪、傅立叶变换红外光谱仪。

试剂:钛酸丁酯、无水乙醇、冰醋酸(各试剂均用 A.R 或 C.P 级产品)。

2.40.4　注意事项:

①实验中用到的试剂具有一定刺激性,请谨慎使用,避免粘在皮肤上或进入人眼。
②高温炉的使用一定要根据规范正确使用,避免损坏仪器或伤到自己。

2.40.5　实验内容及步骤

以钛酸正丁酯[$Ti(OC_4H_9)_4$]为前驱物,无水乙醇(C_2H_5OH)为溶剂,冰醋酸(CH_3COOH)为螯合剂,制备二氧化钛溶胶。

①室温下将 10 mL 钛酸四丁酯缓慢倒入 50 mL 无水乙醇,用磁力搅拌器强力搅拌 10 min,得到均匀黄色透明的溶液 A,将 10 mL 冰醋酸加入到 10 mL 蒸馏水与 40 mL 无水乙醇中,剧烈搅拌,得到溶液 B。

②于剧烈搅拌下将已移入分液漏斗中的溶液 A 缓慢滴加到溶液 B 中,约 25 min 滴完(或滴速为 3 mL/min),得到均匀透明的溶胶;继续搅拌 15 min 后,在室温下静置,待形成透明凝胶后,65 ℃下真空干燥,玛瑙碾磨,得到干凝胶粉末,分别在 300 ℃、400 ℃、500 ℃、600 ℃下于高温炉中煅烧 2 h 便得到 TiO_2 纳米粉体。

③改变溶液 B 的用量,探索凝胶形成条件。
④对所制备的材料进行 XRD、FTIR 等分析。

2.40.6　预习与思考

①简述纳米颗粒特定的物理化学性质。
②实验中加入冰醋酸的作用是什么?
③为何本实验中选用钛酸正丁酯[$Ti(OC_4H_9)_4$]为前驱物,而不选用四氯化钛 $TiCl_4$ 为前驱物?
④请用化学方程式简单描述此次制备溶胶—凝胶的过程。

2.41 四探针法的薄膜材料电阻测量

【背景简介】

材料的电阻或电阻率的精确测量是导体和半导体材料常规参数测量项目之一。测量电阻率的方法很多,如二探针法、三探针法、电容电压法、扩展电阻法等。与四探针法相比,传统的二探针法方便些,因为它只需要操作两个探针,但是处理二探针法得到的数据却很复杂。四探针法取代二探针法主要原因是消除了寄生压降,使得测量变得精确,已经成为一种广泛采用的标准方法,在半导体工艺中最为常用。四探针法在 Lord Kelvin 使用之后变得十分普及,其测量电阻率有个非常大的优点,它不需要校准,有时用其他方法测量电阻率时还需用四探针法较准。

2.41.1 实验目的

①掌握四探针法测量电阻率和薄层电阻的原理及测量方法。
②了解影响电阻率测量的各种因素及改进措施。

2.41.2 实验原理

(1)半导体材料体电阻率测量原理

在半无穷大样品上的点电流源,若样品的电阻率均匀,引入点电流源的探针其电流强度为 I,则所产生的电场具有球面的对称性,即等位面为一系列以点电流为中心的半球面,如图 2.41.1 所示。在以 r 为半径的半球面上,电流密度 j 的分布是均匀的。

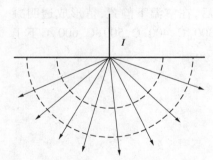
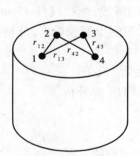
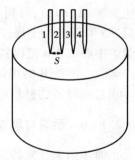

图 2.41.1 点电流源电场分布　图 2.41.2 任意位置的四探针　图 2.41.3 四探针法测量原理图

若 E 为 r 处的电场强度,则:

$$E = j\rho = \frac{I\rho}{2\pi r^2} \tag{2.41.1}$$

由电场强度和电位梯度以及球面对称关系,则:

$$d\psi = -Edr = -\frac{I\rho}{2\pi r^2}dr \tag{2.41.2}$$

取 r 为无穷远处的电位为零,则:

$$\int_0^{\psi(r)} \mathrm{d}\psi = \int_\infty^r - E\mathrm{d}r = \frac{-I\rho}{2\pi}\int_\infty^r \frac{\mathrm{d}r}{r^2} \tag{2.41.3}$$

解得

$$\psi(r) = \frac{\rho l}{2\pi r} \tag{2.41.4}$$

上式就是半无穷大均匀样品上离开点电流源距离为 r 的点的电位与探针流过的电流和样品电阻率的关系式,它代表了一个点电流源对距离 r 处的点电势的贡献。

对图 2.41.2 所示的情形,四根探针位于样品中央,电流从探针 1 流入,从探针 4 流出,则可将 1 和 4 探针认为是点电流源,由式(2.41.1)可知,2 和 3 探针的电位为:

$$\psi_2 = \frac{I\rho}{2\pi}\left(\frac{1}{r_{12}} - \frac{1}{r_{24}}\right), \psi_3 = \frac{I\rho}{2\pi}\left(\frac{1}{r_{13}} - \frac{1}{r_{34}}\right) \tag{2.41.5}$$

2、3 探针的电位差为:

$$V_{23} = \psi_2 - \psi_3 = \frac{\rho I}{2\pi}\left(\frac{1}{r_{12}} - \frac{1}{r_{24}} - \frac{1}{r_{13}} + \frac{1}{r_{34}}\right) \tag{2.41.6}$$

此可得出样品的电阻率为:

$$\rho = \frac{2\pi V_{23}}{I}\left(\frac{1}{r_{12}} - \frac{1}{r_{24}} - \frac{1}{r_{13}} + \frac{1}{r_{34}}\right)^{-1} \tag{2.41.7}$$

式(2.41.7)是利用直流四探针法测量电阻率的普遍公式,我们只需测出流过 1、4 探针的电流 I 以及 2、3 探针间的电位差 V_{23},代入四根探针的间距,就可以求出该样品的电阻率 ρ。实际测量中,最常用的是直线型四探针,如图 2.41.3 所示,即四根探针的针尖位于同一直线上,并且间距相等,设 $r_{12} = r_{23} = r_{34} = S$,则有:

$$\rho = \frac{V_{23}}{I}2\pi S \tag{2.41.8}$$

需要指出的是:这一公式是在半无限大样品的基础上导出的,实用中,样品厚度及边缘与探针之间的最近距离应大于 4 倍探针间距,这样才能使该式具有足够的精确度。

如果被测样品不是半无穷大,而是厚度、横向尺寸一定,进一步的分析表明,在四探针法中只要对公式引入适当的修正系数 B_0 即可,此时:

$$\rho = \frac{V_{23}}{IB_0}2\pi S \tag{2.41.9}$$

另一种情况是极薄样品。极薄样品是指样品厚度 d 比探针间距小很多,而横向尺寸为无穷大的样品,这时从探针 1 流入和从探针 4 流出的电流,其等位面近似为圆柱面高为 d。

任一等位面的半径设为 r,类似于上面对半无穷大样品的推导,很容易得出当 $r_{12} = r_{23} = r_{34} = S$ 时,极薄样品的电阻率为:

$$\rho = \left(\frac{\pi}{\ln 2}\right)d\frac{V_{23}}{I} = 4.532\ 4\ d\frac{V_{23}}{I} \tag{2.41.10}$$

上式说明,对于极薄样品,在等间距探针情况下,探针间距和测量结果无关,电阻率和被测样品的厚度 d 成正比。

就本实验而言,当 1、2、3、4 四根金属探针排成一直线且以一定压力压在半导体材料上,在 1、4 两处探针间通过电流 I,则 2、3 探针间产生电位差 V_{23}。

材料电阻率：$\rho = \dfrac{V_{23}}{I}2\pi S = \dfrac{V_{23}}{I}C$。式中，$S$ 为相邻两探针 1 与 2、2 与 2、3 与 4 的间距，就本实验而言，$S = 1$ mm，$C \approx (6.28 \pm 0.05)$ mm。若电流取 $I = C$ 时，则 $\rho = V$，可由数字电压表直接读出。

（2）扩散层薄层电阻（方块电阻）的测量

半导体工艺中普遍采用四探针法测量扩散层的薄层电阻，由于反向 PN 结的隔离作用，扩散层下的衬底可视为绝缘层。对于扩散层厚度（即结深 X_J）远小于探针间距 S 而横向尺寸无限大的样品，薄层电阻率为：

$$\rho = \frac{2\pi s}{B_0} \cdot \frac{V}{I}$$

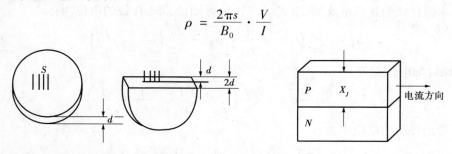

图 2.41.4　极薄样品，等间距探针情况　　　　图 2.41.5　电阻与电流方向关系

实际工作中，我们直接测量扩散层的薄层电阻，又称方块电阻，其定义就是表面为正方形的半导体薄层在电流方向所呈现的电阻，如图 2.41.5 所示。

所以：$R_s = \rho \dfrac{I}{I \cdot X_J} = \dfrac{\rho}{X_J}$，因此有：$R_s = \dfrac{\rho}{X_J} = 4.5324 \dfrac{V_{23}}{I}$。

实际的扩散片尺寸一般不会很大，并且实际的扩散片又有单面扩散与双面扩散之分，因此需要进行修正，修正后的公式为：$R_s = \dfrac{\rho}{X_J} = B_0 \dfrac{V_{23}}{I}$。

2.41.3　实验仪器

采用 SDY-5 型双电测四探针测试仪，含直流数字电压表、恒流源、电源、DC-DC 电源变换器。

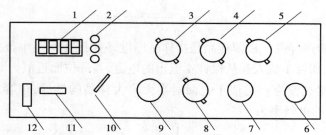

图 2.41.6　仪器面板示意图

1—显示板；2—单位显示灯；3—电流量程开关；4—工作选择开关（短路、测量、调节、自校选择）；

5—电压量程开关；6—输入插座；7—调零细调；8—调零粗调；9—电流调节；10—电源开关；

11—电流选择开关；12—极性开关

2.41.4 实验内容

采用脱机及联机法测量方块电阻和薄片体电阻率。

2.41.5 实验步骤

(1)方块电阻测量

根据(Va/Vb)值的大小,选择几何修正因子 K 的计算公式,然后用 $R = K \times (Va/I)$ 计算方块电阻 R。

(2)薄片体电阻率测量

若已知样片厚度 W(W 应为 $0.20 \sim 3.9$ mm),按 $\rho = R \times W \times F(W/S)/10$ 计算体电阻率。式中:W 单位为 mm,$S = 1$ mm(探针平均间距),$F(W/S)$ 为厚度修正因子,已存在微机内。

系统连接完毕后,按以下步骤测试:

a. 接通主机电源。此时"Va"指示灯和"I"指示灯亮。

b. 根据所测样片电阻率,或方块电阻,选择电流量程,按下 K1、K2、K3、K4 相应的键,对应的量程指示灯亮。

表 2.41.1　方块电阻测量时电流量程选择表

方块电阻/Ω	电流量程/mA
< 2.5	100
2.0 ~ 25	10
20 ~ 250	1
> 200	0.1

表 2.41.2　电阻率测量时电流量程选择表

电阻率/(Ω · cm)	电流量程/mA
< 0.012	100
0.01 ~ 0.6	10
0.3 ~ 60	1
30 ~ 1 000	0.1

(3)放置样品,显示数据

放置样品,压下探针,主机显示屏显示电流值,调节电位器 W1、W2 使显示 4532(也可显示其他值)。

以下分脱(微)机测量和联(微)机测量两种。

1)脱(微)机测量(仅适用于主机测量方块电阻)

①按 I/V 选择键 K6,此时"V"指示灯亮,进入测量状态。

②在"Va(R 口)"指示灯亮的情况下,测出 $Va+$;按换向键 K7,测出 $Va-$。计算 Va。

③按 Va/Vb 选择键 K5,此时"Vb"指示灯亮,测出 $Vb-$;按换向键 K7,测出 $Vb+$。计算 Vb。

④计算出 Va/Vb。

⑤计算 K 值。

⑥选取电流 $I = K$。例:若计算出 $K = 4.517$,此时应按 K6 键,使"I"灯亮,调节电位器 W1、W2,使主机显示电子流数为 4517。

⑦按下 K6 键,使"V"指示灯亮;按 K5 键,使"Va(R 口)"指示灯亮。此时主机显示值为实际方块电阻(Ω/口)。

⑧对于双面扩散硅片和无穷大的衬底为绝缘的导电薄膜,$K = 4.532$。

⑨若不作高精确测量,对于单面扩散片和有限尺寸的导电薄膜(直径或线度至少在 50 mm 以上),也可选取 $K = 4.532$。

2)联(微)机测量

①接通微机电源,显示 H-710F-1(或 H-710F-2),此时通过按 K5 键和 K7 键,应使电流换向指示灯熄灭和"Va"指示灯点燃,否则不能起自动控制作用,因而不能用微机控制和测量。

②利用键盘置入"日期、温度"(仅作记录用)。

③置入电流"量程"和电流值,应分别与主机所选择和显示的数值一致。

④置入打印格式。根据需要选择格式,使显示 H-710F-1(或 H-710F-2)。为减轻打印机磨损,一般可选用第一种格式。

⑤置入"厚度",若测量 R 口,置入数字 1;若测量 ρ,按片厚实际值置入(以 mm 为单位)。

⑥以上条件全部置入后,按测量键,即可打印全部预置数据并进入测量状态。若经检查数据有误,可回车重新预置;预置"电流"必须在预置"量程"后进行,预置完毕后,再按测量键,即打印出已修改和未修改的预置数据,即可开始测量。注意:置入有数值的条件时,要先置入数据,再按所置入的项目键。以下分三种测量方式加以叙述:

a. 一步测量:按主机 I/V 选择键 K6 使"V"指示灯亮,进入测量状态。按微机"测量"键测量,利用"测量"键、"重测"键与手动测试架配合,可完成全部测试,最后按"打印"键,打印各点 R 口(ρ)值,以及并最大值、最小值、最大变化率、平均变化率和径向不均匀度。若测量从头开始,则按"清 0"键,从第一点重测。注:测量点少于 3 点时,"打印"不能执行,发出长声报警。

b. 分步测量:按回车测量键,打印预置数据。按"Va"键,测量 Va 值(并求平均);按"Vb"键,测量 Vb 值(并求平均);按"Va/Vb"键,求 Va/Vb 值;按 K. R 键,求 K 值;按 KR 键,求 R 口或 ρ 值。

c. Va、Vb 值验算,Va/Vb、K、R 口或 ρ 诸值。例:设 $Va = 62.50$ mV,$Vb = 50.00$ mV,按 62.50 Va,50.00 Vb,按"Va/Vb"键显示 1.25,按 KR 键显示 4.470 25,再按 KR 键显示 61.644 97(此值是 $I = 4.532$ mA 计算结果,应按此值置入电流)。

以上 3 种方式,可互相穿插进行,测量各点数据可互相衔接,但实际测量时并无此必要,一般以一次测量为宜。

若更换样品继续测量时,不修改预置条件,按清 0 键,清除所有测量数据,即可开始测量;若要修改某一个或几处预置值,可按回车键;对于某一预置修改,只按某一条件键,不修改的仍保留原来值,再按测量键,即打印出已修改的预置数值,此时即开始测量。

2.41.6　预习与思考题

①测量电阻有哪些方法？

②什么是体电阻、方块电阻(面电阻)？

③四探针法测量材料的电阻的原理是什么？

④为什么要用四探针进行测量？ 如果只用两根探针既作电流探针又作电压探针,是否能够对样品进行较为准确的测量？

⑤四探针法测量材料电阻的优点是什么？

⑥本实验中哪些因素能够使实验结果产生误差？

2.41.7　注意事项

①Si 片很脆,请同学们小心轻放;当探针快与 Si 片接触时,用力要很小,以免损坏探针及硅片。

②要选择合适的电流量程开关,否则窗口无读数。

③计算机按键要轻,以免损坏。

④在测量过程中,由于附近其他仪器电源的开头可能会把计算机锁住而无法工作,此时应新开机,即恢复正常。

⑤每次测量应等所有数值稳定后方可按"测量"进行下一次测量。

2.42　高临界温度超导体临界温度的电阻测量法

2.42.1　实验目的

①了解动态法测量高临界温度氧化物超导材料的电阻率随温度的变化关系。

②了解利用液氮容器内的低温空间改变氧化物超导材料温度、测温及控温的原理和方法。

③学习利用四端子法测量超导材料电阻和热电势的消除等基本实验方法以及实验结果的分析与处理。

④选用稳态法测量临界温度氧化物超导材料的电阻率随温度的变化关系并与动态进行比较。

2.42.2　实验原理

(1)超导现象及临界温度 T_c 的定义及其规定

在一定温度下材料的电阻值下降到零的现象称为超导现象,具有超导现象的材料称为超导体。超导材料由正常态向超导态转变的温度称为超导温度,用 T_c 来表示。实验表明,超导材料由正常态向超导态转变时,电阻的变化是在一定的温度间隔 ΔT 中发生,而不是突然变为零的。材料的 ΔT 越小,说明材料的纯度和晶格的完整性越理想,如图 2.42.1 所示。

定义图中曲线开始偏离时的温度为 T_s；电阻下降至起始温度电阻 R_s 一半时的温度为中点温度 T_m；零电阻温度 T 为电阻降至零时的温度。而转变宽度 ΔT 定义为 R_s 下降到 90% 及 10% 所对应的温度间隔。对于金属、合金及化合物等超导体，长期以来在测试工作中，一般将中点温度定义为 T_c，即 $T_c = T_m$。

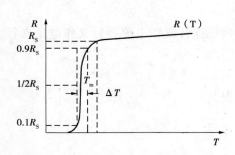

图 2.42.1　超导材料的电阻温度　　　　图 2.42.2　四端子接线图

(2) 样品电极的制作

随着温度下降，样品上的电阻越来越低，电极与材料间的接触电阻高达零点几欧，会给样品电阻的测量引入较大系统误差。为消除接触电阻对测量的影响，常采用四端子法。如图 2.42.2 所示将样品两端电流引线与直流恒流电源相连，两根电压引线连至电位差计或直流伏特计，用来检测样品的电压。样品上的接触点 1、2、3、4 均会引入接触电阻，样品与电源之间，样品与电位差计间也会存在引线电阻，但 1、4 点引入的电阻及样品与电源间的引线电阻与2、3 点间的电阻测量无关。而 2、3 两电极与样品间的接触电阻与通向电压表的引线的电阻，可归入电压测量回路的高电阻，因此能避免引线和接触电阻给测量带来的影响。按此法测得电极 2、3 端的电压除以流过样品的电流，即为样品电极 2、3 端间的电阻。本实验所用超导样品为商品化的银包套铋锶钙铜氧高 T_c 超导样品，4 个电极直接用焊锡焊接。

(3) 温度控制及测量

临界温度 T_c 的测量工作取决于合理的温度控制及正确的温度测量。现有的高 T_c 氧化物超导材料的临界温度大多在 60 K 以上，其冷源可用液氮。纯净液氮在一个大气压下的沸点为 77.348 K，三相点为 63.148 K。但在实际使用中，由于液氮不纯、沸点稍高而三相点稍低（严格地说，不纯净的液氮不存在三相点）。对三相点和沸点之间的温度，只要把样品直接浸入液氮，并对密封的液氮容器抽气降温，一定的蒸汽压就对应一定的温度。在 77 K 以上直至 300 K，常采用如下两种基本方法。

1) 普通恒温器控温法

普通恒温器控温法，是指将样品及温度计都安置在恒温器内并保持良好的热接触，在绝热的恒温器内利用锰铜线或镍铬线等绕制的电加热器来加热并控制恒温器的温度稳定在某个所需的中间温度上。通过改变加热功率，使平衡温度升高或降低，故样品的温度可以严格控制并被测量。这样的控温方式控温精度较高，温度的稳定时间长，温度的均匀性较好，可以同时测量多个样品。由于这种控温法是点控制的，因此普通恒温器控温法应用于测量时又称定点测量法。

2）温度梯度法

存放液氮的杜瓦容器内液面以上空间温度是逐渐升高的,将样品放在液面上不同位置就可获得不同温度。为了使样品上温度均匀,通常要设计一个紫铜均温块,让温度计和样品与紫铜均温块进行良好的热接触。将紫铜块连接至一根不锈钢管,通过改变不锈钢管进行提拉改变样品的高度以改变样品的温度。

本实验的恒温器综合上述两种基本方法,既能进行动态测量,也能进行定点的稳态测量,以便进行两种测量方法和测量结果的比较。

（4）热电势及热电势的消除

当样品上存在温度梯度时,样品上的温度差 ΔT 将会引起样品载流子的热扩散,产生热电势 E。由于样品与均温块之间的接触热阻较大,且样品存在热容,当样品与均温块之间只是局部热接触时(如不平坦的样品面与平坦的均温块接触),由于引线的热漏等因素的影响,样品内温度不可能均匀分布,热电势将不可避免。用四端子法测量样品在低温下的电阻时会发现,即使没有电流流过样品,电压端也常能测量到几微伏至几十微伏的电压降。

采用四端子法对于高 T_c 超导样品,可以检测到的电阻常在 $10^{-5} \sim 10^{-1} \Omega$,这时测量电流通常取 $1 \sim 100$ mA,若取更大的电流将对测量结果有影响。通过简单计算得电流流过样品而在电压引线端产生的电压降在 $10^{-2} \sim 10^3$ μV,所以热电势对于精确测量会造成很大影响,需要消除。为消除热电势对测量电阻率的影响,通常采取下列措施:

1）对于动态测量

一方面,要将样品制得薄而平坦,样品的电极引线尽量采用直径较细的导线(例如直径小于 0.1 mm 的铜线),且热接触良好,从而避免外界热量经电极引线流向样品。同时样品与均温块之间用导热良好的导电银浆粘接,以减少热弛豫带来的误差。另一方面,选用灵敏度高的温度计,其响应时间要尽可能小,温度计与均温块的热接触要良好,测量过程中要合理控制温度变化的速度,使样品上温度能较缓慢地改变。

对于动态测量中电阻不能下降到零的样品,不能轻易得出该样品不超导的结论,而应该在液氮温度附近,通过后面所述的电流换向法或通断法检查。

2）对于稳态测量

当恒温器上的温度计达到平衡值时,应观察样品两侧电压电极间的电压降及叠加的热电势值是否趋向稳定,稳定后可以采用如下方法。

①电流换向法:改变恒流电源的电流 I 反向,分别得到电压测量值 U_A、U_B,则两电极间超导材料的电阻为

$$R = \frac{|U_A - U_B|}{2l} \tag{2.42.1}$$

②电流通断法:分别测量恒流电源切断前后样品上的电压,切断恒流电源的电流时测到的电压为是样品及引线的积分热电势,利用通电流后得到的电压减去热电势即是真正的电压降。若通断电流时测量值无变化,表明样品已经进入超导态。

2.42.3　实验仪器

高 T_c 超导体电阻—温度特性测量仪工作原理如图 2.24.3 所示。高 T_c 超导体电阻—温度

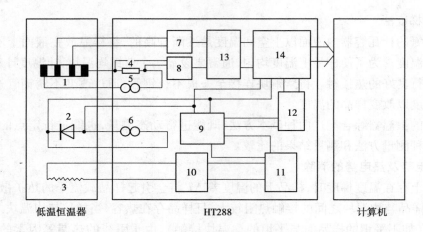

图 2.42.3　高 T_c 超导体电阻—温度特性测量仪工作原理示意图

1—超导样品;2—PN 结温度传感器;3—加热器;4—参考电阻;5—恒流源;6—恒流源;

7—微伏放大器;8—微伏放大器;10—功率放大器;11—PID;12—温度设定;13—比较器;

14—数据采集、处理、传输系统

特性测量仪包括安装了样品的低温恒温器,测温、控温仪器,数据采集、传输和处理系统以及电脑。本实验仪既可进行动态法实时测量,也可进行稳态法测量。利用动态法测量时可分别进行不同电流方向的升温和降温测量,以观察和检测因样品和温度计之间动态温差造成的测量误差,同时注意观察样品及测量回路热电势给测量带来的影响。动态测量数据经测量仪器处理后直接进入电脑 $X\text{-}Y$ 记录仪显示、处理或打印输出。

稳态法测量结果经由键盘输入计算机(如 Excel 软件)作出 $R\text{-}T$ 特性供分析处理或打印输出。

2.42.4　实验内容

(1)动态测量

利用动态法在电脑 $X\text{-}Y$ 记录仪上分别画出样品在升温和降温过程中的电阻—温度曲线。

①打开仪器和超导测量软件。

②仪器面板上"测量方式"选择"动态","样品电流换向方式"选择"自动",分别测出正"温度设定"逆时针旋到底。

③在计算机界面启动"数据采集"。

④调节"样品电流"至 80 mA。

⑤将恒温器放入装有液氮的杜瓦瓶内,降温速率由恒温器的位置决定,直至泡在液氮中。

⑥仪器自动采集数据,画出正反向电流所测电压随温度的变化曲线,最低温度到 77 K。

⑦点击"停止采集",点击"保存数据",给出文件名保存,降温方式测量结束。

⑧重新点击"数据采集"将样品杆拿出杜瓦瓶,作升温测量,测出升温曲线。

⑨根据软件界面进行数据处理,求出 T_c、T_m、T。

(2)稳态测量(选做)

利用稳态法,在样品的零电阻温度与 0 ℃ 之间测出样品的 $R\text{-}T$ 分布。

①将样品杆放入装有液氮的杜瓦瓶中,当温度降为 77.4 K 时,仪器面板上"测量方式"选择"稳态","样品电流换向方式"选择"手动",分别测出正反向电流时的电压值。

②调节"温度设定"旋钮,设定温度为 80 K,加热器对样品加热,温度控制器工作,加热指示灯亮,直到指示灯闪亮时,温度稳定在一数值(此值与设定温度值不一定相等)。记下实际温度值,测量正反向电流对应的电压值。

③将样品杆往上提一些,重复步骤②,设定温度为 82 K 进行测量。

④在 110 K 以下每 2 ~ 3 K 测一点,在 110 K 以上每 5 ~ 10 K 测一点,直至室温。

⑤算出不同温度对应的电阻值,画出电阻随温度的变化曲线。

⑥根据曲线进行数据处理,求出 T_c、T_m、T。

将稳态法测量数据与动态法测量数据进行比较(选做)。

2.42.5　预习与思考题

①超导样品的电极为什么一定要制作成如图 2.42.2 所示的四端子接法? 假定每根引线的电阻为 0.1 Ω,电极与样品间的接触电阻为 0.2 Ω,数字电压表内阻为 10 MΩ,试用等效电路分析当样品进入超导态时,直接用万用表测量与采用图 2.42.2 接法测量有何不同?

②设想一下,本实验适宜先做动态法测量还是稳态法测量? 为什么?

③本实验的动态法升温过程及降温过程获得的 R-T 曲线有哪些具体差异? 为什么会出现这些差异?

④给出实验所用样品的超导起始温度、中间温度和零电阻温度,分析实验的精度。

参考文献

[1] 林木欣. 近代物理实验教程[M]. 北京:科学出版社,1999.

[2] 褚圣麟. 原子物理学[M]. 北京:高等教育出版社,1979.

[3] 浙江大学数学系高等数学教研组. 概率论与数理统计[M]. 北京:高等教育出版社,1979.

[4] 常兆光,等. 随机数据处理方法[M]. 东营:石油大学出版社,2003.

[5] 朱鹤年. 物理实验研究[M]. 北京:清华大学出版社,1994.

[6] 复旦大学. 原子核物理实验方法:下册[M]. 北京:原子能出版社,1982.

[7] 吴泳华,等. 近代物理实验[M]. 合肥:安徽教育出版社,1987.

[8] 北京大学. 核物理实验[M]. 北京:原子能出版社,1984.

[9] 曾光宇,张志伟,张存林. 光电检测技术[M]. 北京:北京交通大学出版社,2009.

[10] 郭培源,付扬. 光电检测技术与应用[M]. 北京:北京航空航天大学出版社,2011.

[11] 沙占友,等. LED照明驱动电源优化设计[M]. 北京:中国电力出版社,2011.

[12] 俞建峰,顾高浪,陶宏锦. LED照明产品质量控制与国际认证[M]. 北京:人民邮电出版社,2012.

[13] 金伟其. 辐射度光度与色度及其测量[M]. 北京:北京理工大学出版社,2011.

[14] 陈家璧,彭润玲. 激光原理及应用[M]. 北京:电子工业出版社,2013.

[15] 刘崇华. 光谱分析仪器使用与维护[M]. 北京:化学工业出版社,2010.

[16] 吴胜举,张明铎. 声学测量原理与方法[M]. 北京:科学出版社,2014.

[17] 雷玉堂.《光电检测技术》习题与实验[M]. 北京:中国计量出版社,2009.

[18] 河北大学. 现代检测技术与光电检测技术实验指导[M]. 北京:中国计量出版社,2010.

[19] 徐祖耀,黄本立,鄢国强. 材料表征与检测技术手册[M]. 北京:化学工业出版社,2009.

[20] 布尚. Springer手册精选系列·纳米技术手册:扫描探针显微镜:3册[M]. 哈尔滨:哈尔滨工业大学出版社,2013.

[21] 郭素枝. 电子显微镜技术与应用[M]. 厦门:厦门大学出版社,2008.

[22] 戴道宣,戴乐山. 近代物理实验[M]. 北京:高等教育出版社,2011.

[23] 郑勇林,等. 近代物理实验[M]. 成都:西南交通大学出版社,2011.

[24] 邱春蓉,黄整,冯振勇. 近代物理实验教程[M]. 成都:西南交通大学出版社,2008.

[25] 韩忠. 近现代物理实验[M]. 北京:机械工业出版社,2012.

［26］中国科学技术大学研制.大学物理仿真实验 V2.0 for Windows［M］.北京:高等教育出版社,1996.

［27］吴泳华,等.大学物理实验(第一册)［M］.北京:高等教育出版社,2001.

［28］谢行恕,等.大学物理实验(第二册)［M］.北京:高等教育出版社,2001.

［29］李志超,等.大学物理实验(第三册)［M］.北京:高等教育出版社,2001.

［30］霍剑青,等.大学物理实验(第四册)［M］.北京:高等教育出版社,2001.